国家自然科学基金项目（41102166）

RST 混合土强度与变形特性研究

孔德森　王晓敏　贾　腾　陈文杰　著

北　京
冶　金　工　业　出　版　社
2014

内 容 提 要

本书系统地介绍了作者近年来在 RST 混合土的物理特性、强度特性和变形特性方面的研究成果。全书共分 7 章，主要内容包括 RST 混合土原材料物理特性研究及 RST 混合土密度试验研究、无侧限抗压强度试验研究、三轴固结不排水剪切试验研究、动变形特性试验研究、动强度特性试验研究等。

本书可供土木建筑工程、材料科学与工程、环境科学与工程专业的研究生和科研人员阅读，也可供从事以上专业设计和施工的工程技术人员参考。

图书在版编目（CIP）数据

RST 混合土强度与变形特性研究/孔德森等著．—北京：冶金工业出版社，2014. 11
ISBN 978-7-5024-6777-7

Ⅰ．①R…　Ⅱ．①孔…　Ⅲ．①地基土—研究
Ⅳ．①TU44

中国版本图书馆 CIP 数据核字(2014)第 245565 号

出版人　谭学余
地　　址　北京市东城区嵩祝院北巷 39 号　邮编　100009　电话　(010)64027926
网　　址　www. cnmip. com. cn　电子信箱　yjcbs@ cnmip. com. cn
责任编辑　廖　丹　美术编辑　彭子赫　版式设计　孙跃红
责任校对　郑　娟　责任印制　李玉山
ISBN 978-7-5024-6777-7
冶金工业出版社出版发行；各地新华书店经销；北京百善印刷厂印刷
2014 年 11 月第 1 版，2014 年 11 月第 1 次印刷
148mm × 210mm；5. 25 印张；154 千字；156 页
23. 00 元

冶金工业出版社　投稿电话　(010)64027932　投稿信箱　tougao@cnmip. com. cn
冶金工业出版社营销中心　电话　(010)64044283　传真　(010)64027893
冶金书店　地址　北京市东四西大街 46 号(100010)　电话　(010)65289081(兼传真)
冶金工业出版社天猫旗舰店　yjgy. tmall. com
（本书如有印装质量问题，本社营销中心负责退换）

前　言

近年来，随着我国汽车工业的迅猛发展，废弃轮胎引起的环境污染和资源浪费问题日益严重。废弃轮胎长期露天堆放，不仅占用土地，而且极易滋生蚊虫，传播疾病，并容易引发火灾，废弃轮胎不完全燃烧释放出的碳氢化合物和有毒气体，对空气、水、土壤等人类赖以生存的环境会造成严重污染。因此，对废弃轮胎进行综合利用，并将其延伸制品作为重要的再生资源广泛应用于土木、交通、环境和建筑工程等领域，已成为我国21世纪循环经济和可持续发展的重要研究课题。另外，随着我国经济的高速发展，国家基础建设的整合和更新，在铁路、公路、堤坝以及市政工程中，产生了大量的工程弃土，这些工程弃土不能直接被工程利用，处理费用高，占用土地，破坏环境。

针对废弃轮胎和工程弃土造成的资源浪费、环境污染和传统土木工程填筑材料日益缺乏的问题，提出将废弃轮胎橡胶颗粒作为填料，以水泥为固化剂，与工程弃土混合，形成一种新型的混合土，即RST混合土。RST混合土即废弃轮胎橡胶颗粒混合土，是一种具有高附加值的新型土工填筑材料，由工程弃土、废弃轮胎橡胶颗粒、水泥和水混合而成，具有重度小、自立性好、快硬性和密度可调等特点，能够很好地解决土木工程中的桥头跳车、边坡填土、路基沉降、管道沟回填、挡土墙稳定等技术难题，而且还可以减少环境污染和资源浪费，这为废弃轮胎的回收、利用开辟了新途径，具有十分重要的经济价值和环境效益，在土木工程领域具有广阔的发展和应用前景。目前国内，将废弃轮胎橡胶颗粒应用于土木工程中的研究尚处于起步阶段，因此，深入系统地进行RST混合土在物理特性、强度特性、变形特性以及动力特性方面的研究非常必要。

本书是作者多年来在RST混合土强度与变形特性方面研究成果的总结。全书共分7章，第1章为绪论，介绍了RST混合土强度与变形特性的研究背景、国内外研究现状与进展以及本书的主要内容；第2章重点介绍了制备RST混合土的原材料的物理特性；第3章介绍了RST混合土的配比方案设计和试样制备方法，并重点介绍了RST混合土的密度特性，推导出了RST混合土的密度计算公式；第4章通过无侧限抗压强度试验介绍了RST混合土的强度特性和变形特性，并进行了影响因素分析；第5章通过三轴固结不排水剪切试验介绍了RST混合土的强度特性和变形特性，并进行了抗剪强度指标分析；第6章重点介绍了RST混合土的动变形特性，同时分析了围压、橡胶颗粒含量、水泥掺入量以及振动频率对RST混合土动应力－应变关系曲线、动弹性模量和等效阻尼比的影响规律；第7章介绍了RST混合土的动强度特性，并进行了影响因素分析和动强度指标分析。

在本书撰写过程中，赵志民、王安水、王士权、邓美旭、谭晓燕、陈士魁、宋城等硕士研究生做了大量的数据整理工作，在此谨向他们致以衷心的感谢。同时，书中还参考了国内外众多机构和个人的研究成果与工作总结，在此一并表示感谢。

本书的出版得到了国家自然科学基金项目（41102166）、山东科技大学杰出青年科学基金项目（2012KYJQ102）和山东科技大学科研创新团队支持计划项目（2012KYTD104）的资助。

由于作者水平有限，书中不足之处，恳请读者给予批评指正。

作　者

2014年8月

目　录

第1章　绪　论

1.1　研究背景

随着我国国民经济的持续高速发展，汽车逐渐走进了千家万户，成为人们日常生活中不可缺少的交通工具。然而，汽车在给人们带来快捷便利的同时，也给社会造成了种种不利影响，由汽车废弃轮胎引起的环境污染和资源浪费就是其中最突出的问题之一。目前，我国是世界上最大的汽车销售市场，也是世界上最大的轮胎生产国，我国每年的废弃轮胎量也在逐年急剧增加。据不完全统计，世界废弃轮胎积存量已达30亿条，并以每年约10亿条的速度增长[1,2]。我国作为橡胶轮胎消费大国，2011年淘汰的废弃轮胎就达到2.76亿条，2012年的废弃轮胎产生量则增至2.83亿条左右，且每年新产生的废弃轮胎量正以8%～10%的速度递增，预计到2015年将会达到3.68亿条。但是，目前我国废弃轮胎的循环利用率却只有60%，比西方经济发达国家低30%～40%[3]。大量废弃轮胎长期露天堆放，不仅占用大量土地，而且极易滋生蚊虫，传播疾病，并容易引发火灾，废弃轮胎不完全燃烧释放出的碳氢化合物和有毒气体，对空气、水、土壤等人类赖以生存的环境也会造成严重污染，如图1－1所示。废弃轮胎橡胶被称为“黑色污染”，如何有效地回收利用废弃轮胎，节约资源，减少环境污染，既是一个世界性的难题，也是我国再生资源回收利用面临的一个新课题。

废弃轮胎由于含有橡胶等易燃物质，长期堆积容易引起火灾，如图1－2所示。日本大本县的一个废弃轮胎堆积场就曾因带胶钢丝氧化，导致积压的60多万条废弃轮胎自燃，大火持续燃烧了近3个月，造成了巨大的经济损失和严重的环境污染。废弃轮胎的堆积还会长期占用土地，从而造成了土地资源的浪费。在雨水较多的季节，废弃轮胎还容易滋生蚊蝇，再加上其含有的各种化学材料长期暴晒会产生危

图1-1 废弃轮胎

图1-2 废弃轮胎引起的火灾

害物质，往往会对周围环境造成严重威胁[4]。如何减少废弃轮胎的存量，降低其对环境的危害，是当前迫切需要解决的社会问题。目前，废弃轮胎综合利用途径可分为六类，即废弃轮胎直接利用、热分解、废弃轮胎翻新、燃烧利用、生产橡胶粉、生产再生胶[5]。但是在我国现阶段无论采用哪种处理方式，废弃轮胎的利用率都比较低，并且再利用成本都相对较高，有时还会产生二次污染。废弃轮胎的密度相对较小，作为建筑材料具有质量轻的优点，可以有效降低竖向荷载，减小地基沉降，同时，废弃轮胎还具有弹性，可以在一定程度上起到缓冲减震的作用，因此，将废弃轮胎作为建筑材料用于土木工程建设中是一个很好的解决废弃轮胎问题的有效途径[6,7]，此方法既可以减少废弃轮胎的存量，降低其对环境的污染，还能在一定程度上缩减工程建设的投资成本。

20 世纪 90 年代，国外就开始对废弃轮胎在土木工程中的应用开展研究，并且取得了较多的研究成果，但大规模的工程应用至今尚未开始。将废弃轮胎作为填筑材料应用到土木工程领域，可以很好地解决桥头跳车、边坡填土、路基沉降、管道沟回填、挡土墙稳定等土木工程问题[8]。在国内，由于我国的汽车工业发展相对较晚，对废弃轮胎在土木工程中的应用研究还处于起步阶段[9,10]。虽然国内少数学者在各种混合土的物理特性、强度特性、变形特性以及动力特性方面做了一些相关研究，但距离工程实际应用还很远。为了将废弃轮胎更好地应用到土木工程建设中，很有必要对其强度和变形特性开展全面系统的研究工作。

另外，随着我国经济的高速发展，国家基础建设的整合和更新，在铁路、公路、堤坝以及市政工程中，产生了大量的工程弃土，这些工程弃土主要包括：（1）物理力学性质不符合要求，不能作为填方材料使用的挖方；（2）土石方调配平衡后多余的弃方；（3）由于地理位置、交通条件的限制而无法处理的土方等。工程弃土作为建筑工程的附属产物，需要投入大量人力物力进行处理，通常会选择弃土场进行堆放处理，占用了大量的土地资源。在一些施工作业中，尤其是一些山区工程，乱堆乱弃现象比较严重，这不仅影响破坏了自然环境，严重时还会诱发滑坡、泥石流等自然灾害。如果能够将这些工程弃土加以利用，无论是从环境的角度还是从经济的角度来考虑都具有十分重要的现实意义。

针对废弃轮胎和工程弃土造成的资源浪费、环境污染和传统土木工程填筑材料日益缺乏的问题，提出将废弃轮胎橡胶颗粒作为填料，以水泥为固化剂，与工程弃土混合，形成一种新型的混合土，即废弃轮胎橡胶颗粒混合土，简称 RST 混合土。RST 混合土是一种高附加值的新型土工材料，不但可以有效地回收利用废弃轮胎橡胶，而且可以就地取材地处理利用工程填筑土和工程弃土，减少了资源浪费，改善了土的性质，同时，还减少了废弃轮胎和工程弃土的环境危害和处理费用，具有重要的社会效益、经济效益和环境效益。

RST混合土作为一种新型、环保的土工填筑材料，为废弃轮胎和工程弃土的处理和应用提供了一条有效的途径，具有广阔的工程应用前景，因此，为了将这种既环保又具有良好工程性质的新型土工材料推向工程实践，有必要对RST混合土的物理特性、强度特性、变形特性和动力特性进行全面系统的研究，以期研究成果能够更好地指导工程实践。

1.2 国内外研究现状与进展

对于混合土的研究，日本一直处于领先地位。早在20世纪70年代，日本就开始研究混合土，并将其大量应用到工程实践中，且取得了良好的效果[11~13]。挪威、美国、法国、英国也相继开展相关研究，也取得了较丰硕的成果[14~17]。但这些成果大多集中在对聚苯乙烯（EPS）颗粒轻质混合土[18,19]和气泡轻质混合土[20~22]物理特性、强度特性以及变形特性的试验与分析方面。目前，EPS颗粒轻质混合土和气泡轻质混合土在实际工程中已被广泛应用[23~28]，并且取得了预期的使用效果，日渐成为一种相对成熟的建筑材料。

近年来，针对日益突出的废弃轮胎引发的资源浪费和环境污染问题，国内外学者提出将废弃轮胎应用到土木工程建设中来，并开始致力于对废弃轮胎橡胶颗粒混合土的研究。在国外，已经开展了一系列废弃轮胎橡胶颗粒混合土的物理特性、强度特性、变形特性以及动力特性的研究，在理论分析和工程应用方面均取得了一定的研究成果。在国内，由于我国的汽车工业起步相对较晚，对废弃轮胎橡胶颗粒混合土的研究尚处于起步阶段，因此，很有必要开展废弃轮胎橡胶颗粒混合土的物理特性、强度特性、变形特性以及动力特性方面的全面研究[29~31]。

1.2.1 混合土的物理特性研究现状与进展

RST混合土是一种新型的土工填筑材料，它的材料组成和配比情况复杂多变，这也就决定了其物理特性的多样性。密度特性是 RST 混合土物理特性的一个重要方面，它是体现 RST 混合土轻量性的一个重要的物理参数，并且受制备 RST 混合土的各种原材料密度的影响。

国外对于 RST 混合土的研究较多，应用也相对较为广泛。Edil 和 Bosscher 将粒径为 50 ~ 75mm 的橡胶颗粒与各种土混合制备成 RST 混合土，并对其进行了基本力学性质试验、模型试验和现场试验，进而将其作为填筑材料应用到公路路基建设中，取得了理想的效果[32]。2006 年，Cetin 向黏土中添加轮胎颗粒制成混合土，并将该混合土作为填筑材料，进而对该混合土的工程特性进行了试验研究[33]。试验结果表明：该混合土的含水率不随轮胎颗粒的增加而明显降低，当轮胎颗粒的掺加量超过 10% 后，该混合土试样的含水率基本没有变化。Ahmed 和 Cecich 等人对废轮胎派生骨料的物理特性进行了研究，Ahmed[34] 测得粒径范围为 5 ~ 25mm 的废轮胎派生骨料的松散密度为 $0.4g/cm^3$，重型击实能压实密度为 $0.56g/cm^3$；Cecich[35] 测得粒径为 12mm 的废轮胎派生骨料的重型击实能压实密度为 $0.56 \sim 0.59g/cm^3$。

国内对于 RST 混合土的研究成果较少。2008 年，何稼等将低液限黏土、粒径范围为 4 ~ 5mm 的废弃轮胎橡胶颗粒和 P · O 32.5 普通硅酸盐水泥进行混合，制备了 RST 混合土，并对其基本物理特性进行了试验研究[36]。研究发现：RST 混合土的重度随废弃轮胎橡胶颗粒的含量和含水率的增加而降低，随水泥含量的增大而增大。2010 年，辛凌等以粒径为 4.3 ~ 4.8mm 的废弃轮胎橡胶颗粒为轻质材料，以淤泥质黏土为原料土，以普通硅酸盐水泥为固化剂，制备了 RST 混合土，并通过室内试验研究了 RST 混合土的密度随原材料配合比的变化规律[37]。试验结果表明：RST 混合土的密度随胶粒土比和水土比的增大而减小，随灰土比的增大而增大。在此基础上，通过合理的假设推导出了 RST 混合土密度的理论计算公式，并与试验结果进行了对比分析。2011 年，邹维列等将废弃轮胎橡胶颗粒与膨胀土混合，制备了改性膨胀土，并通过试验研究了其物理特性，进而与素膨胀土的物理特性进行了对比分析[38]。对比研究发现：当轮胎橡胶颗粒的质量比低于 23% 时，改性膨胀土的液限随着橡胶颗粒含量的增大而增大，但其塑限基本不变，从而导致其塑性指数随着橡胶颗粒的增大而增大。2013 年，王照宇等将密度为 1.2g/cm^3、粒径为 2 ~ 4mm 的橡胶颗粒与水泥、粉煤灰按比例混合制备填料，并通过实验测得了填料试样的密度，发现该填料的密度随着橡胶颗粒含量的增大而线性减小；当橡胶颗粒含量由 30% 增大到 60% 时，填料的密度从 1.56g/cm^3 下降到 1.45g/cm^3，明显低于普通填筑材料的密度，约为普通填料密度的 80%。该填料能够有效降低其自重，从而有效减小了其对地基的竖向荷载，进而减小了地基沉降[39]。

1.2.2 混合土的强度特性研究现状与进展

土的抗剪强度是土体抵抗剪切破坏的极限能力，是土的基本力学性质之一。RST 混合土作为一种新型的土工填筑材料，研究其抗剪强度具有重要的理论科学意义和工程应用价值。

1996 年，Foose[40] 通过直剪试验对粒径为 5 ~ 15cm 的轮胎碎片与干砂的混合物进行了一系列强度特性的试验研究，发现正应力和轮胎橡胶的含量对混合土抗剪强度的影响显著；混合土的抗剪强度高于纯砂的抗剪强度，且随其容重的增大而不断增大。2003 年，Youwai 等[41] 将废弃轮胎胶粒与砂混合制备了混合土，并通过三轴固结排水试验研究了混合土的强度特性。研究结果表明，随着围压的增大，橡胶颗粒与砂混合后的抗剪强度线性增大；纯胶粒的抗剪强度明显低于砂土击实后的抗剪强度，两种材料混合后的抗剪强度则介于两值之间。2006 年，Cetin 等使用常规直剪仪对废轮胎派生骨料与黏土混合物的工程特性进行了试验研究。研究结果表明：随着正应力的增大，混合土的剪切强度有所增大；当废轮胎派生骨料的含量低于 40% 时，混合土的 c 值增大，φ 值减小，莫尔包络线沿顺时针方向旋转；当废轮胎派生骨料的含量高于 40% 时，混合土的 c 值减小，φ 值增大，莫尔包络线沿逆时针方向旋转。

在国内，也有部分研究人员对 RST 混合土的强度特性进行了研究。2008 年，何稼通过试验研究发现，由低液限黏土和废弃轮胎橡胶颗粒制成的 RST 混合土的不排水抗剪强度较高，不同配比的 RST 混合土的 c 值在 70 ~ 200kPa 范围内，φ 值集中在 11° ~ 15°范围内，c'

则集中在20～70kPa范围内，φ'值主要集中在34°～43°范围内；混合土的抗剪强度随着橡胶颗粒和水泥含量的增加而增大，随含水率的增大而有所减小；混合土试样的破坏形态与水泥的掺加量有关，主要有剪切型、剪切鼓胀型和鼓胀型三种形式。2010年，王凤池等[42]以土、胶粉和水泥为原材料制备了大小为70.7mm×70.7mm×70.7mm的橡胶水泥土试样（简称RCS土试样），并对RCS土试样进行了无侧限抗压强度试验。试验结果表明：随着水泥和胶粉掺量的增大，RCS土试样的强度均增大。辛凌、刘汉龙和高德清等[43]以淤泥质土、废弃轮胎橡胶颗粒、水泥和水为原材料制备了RST混合土，并对RST混合土分别进行了无侧限抗压强度试验和三轴固结不排水剪切试验。通过对不同配比条件下RST混合土的抗剪强度变化特点及其作用机理的分析，提出了RST混合土的无侧限抗压强度计算公式，同时确定了三轴固结不排水剪切试验的抗剪强度指标。2013年，李丽华等[44]研究了砂－轮胎颗粒－水泥混合土的土工特性，通过无侧限抗压强度试验和直剪试验发现：轮胎颗粒体积含量低于15%时，养护龄期对混合土抗压强度的影响较明显，当轮胎颗粒体积含量超过15%后，7天和28天养护龄期下混合土的无侧限抗压强度变化不大；当水泥含量较大时，胶粒含量的变化对混合土抗压强度的影响较明显；当胶粒含量增大时，混合土的初始内摩擦角出现下降的趋势，但主要在30°～45°范围内变化。

1.2.3 混合土的变形特性研究现状与进展

土体的变形问题是土力学的主要研究内容之一，如果土体的变形超过了土工建筑物的变形允许值，就会造成建筑物的破坏，甚至造成人员伤亡。变形特性是计算土工建筑物沉降和稳定性的主要依据，因此，研究土体的变形特性对于新型土工填筑材料是非常重要的。

国外对废弃轮胎橡胶颗粒混合土变形特性的研究成果相对较多。Tatlisoz等通过侧限压缩试验和直剪试验分别研究了纯砂质粉土、废轮轮胎派生骨料－砂质粉土混合物的变形特性，研究结果表明：这两种土的剪应力－剪应变的变化关系是不同的，纯砂质粉土的剪应力随剪应变的增加而增加，当水平变形达到一定值时，剪应力逐渐趋于稳定，但废轮胎派生骨料－砂质粉土混合物的剪应力随剪应变的增加而持续增加。Bernal 等对废轮胎派生骨料与土的混合物（简称 TDA－SM 混合土）进行了三轴试验，试验结果表明：围压对 TDA－SM 混合土的应力－应变关系曲线有较大影响，当围压增加时，试样的轴向应变增加，偏应力趋于稳定，这与 Ahmed 和 Masad 等对 TDA－SM 混合土的三轴试验结果相似。Lee 等[45]对废轮胎派生骨料与土的混合物即 TDA－SM 混合土进行了三轴固结不排水试验，研究了 TDA－SM 混合土的应力－应变关系曲线，试验结果表明：（1）TDA－SM 混合土的应力－应变关系曲线表现出近似线性的特性，在不同围压作用下，TDA－SM 混合土的应力－应变关系曲线没有出现峰值偏应力，且随着轴向应变的增加，TDA－SM 混合土的体积呈线性减小的趋势；（2）当围压较低时，TDA－SM 混合土试样的体积在低应变时就开始膨胀，而当围压较高时，TDA－SM 混合土试样的体积在垂直应变为 10% 时才开始出现膨胀现象；（3）TDA－SM 混合土的应力－应变关系曲线表明，在不同围压作用下，随着轴向应变的增加，偏应力趋于稳定，并且围压对 TDA－SM 混合土的体应变也有较大影响，试样在不同围压作用下的体积膨胀水平也是不同的。

国内对于 RST 混合土变形特性的研究近年来也逐渐增多。2008 年，何稼分别通过三轴固结不排水剪切试验（CU 试验）和三轴固结排水试验（CD 试验）研究了 RST 混合土的剪切特性，分析了不同配比条件下 RST 混合土在 CU 试验中的应力－应变－孔隙水压力曲线和孔压系数 A_f 的变化规律以及试样的固结不排水抗剪强度，并研究了典型配比条件下 RST 混合土在 CD 试验中的应力－应变－体变曲线形态和固结排水抗剪强度。试验结果表明：RST 混合土具有较高的抗剪强度以及较强的结构性。2010 年，辛凌通过无侧限抗压强度试验和三轴固结不排水剪切试验分析了配合比和养护龄期等对 RST 混合土应力－应变曲线的影响规律，对 RST 混合土的变形特性进行了较深入系统的研究。研究结果表明：在不同的胶粒土比下，RST 混合土的应力－应变关系曲线都表现为软化型，并且随着胶粒土比的增大，曲线的软化程度不断降低；在不同的灰土比条件下，RST 混合土的应力－应变关系曲线也表现出软化特性，且随着灰土比的增大，RST 混合土的软化特性越来越明显；随着养护龄期的增加，RST 混合土应力－应变关系曲线的软化特性也越来越明显。同时，通过各向等压试验研究了配合比对 RST 混合土的体变压缩曲线、体积屈服应力以及体积回弹指数的影响规律。2011 年，兰州大学的李朝晖[46]通过直剪试验和三轴不固结不排水剪切试验对废轮胎颗粒与黄土的混合物（简称 GR－LM 混合土）的应力－应变关系进行了试验研究，试验结果表明：GR－LM 混合土试样的应力－应变关系曲线表现出应变硬化的特点，在剪切过程中 GR－LM 混合土试样没有出现明显的峰值强度，并且在中、低压力作用下，GR－LM 混合土剪切强度对应的最优废轮胎颗粒掺量分别是 30% 和 40%。

1.2.4 混合土的动变形特性研究现状与进展

在实际工程中，RST 混合土也会受到动荷载的作用，如地震荷载和车辆荷载等，但目前关于 RST 混合土动力特性的研究成果还鲜见报道，因此，全面研究 RST 混合土在动荷载作用下的变形特性具有重要的理论科学意义和工程应用价值。

在国外，Theirs[47]利用 NGI 单剪仪对圣弗朗西斯科湾的淤泥进行了试验研究，分析了应变和加载次数等对双线性模型参数的影响规律。Vocalic[48]通过试验分别绘制了正常固结土和超固结土的动弹性模量－应变关系曲线和阻尼比－应变关系曲线，研究发现：无论对于正常固结土还是超固结土，塑性指数都是影响其动弹性模量和阻尼比的主要因素，当塑性指数增大时，归一化后的动弹性模量随之增大，而阻尼比却呈下降趋势。Ghazavi 等[49]对掺入不同尺寸和含量轮胎碎片颗粒的混合砂土开展了变形特性试验，分析并优化轮胎碎片的尺寸和含量以提高混合砂土的变形性质。Houston 等[50]分别对施加了双向和单向循环应力的海洋黏土进行了循环三轴试验，分析了加载次数和循环应力比对应力－应变关系曲线的影响规律，并指出双向循环应力较单向循环应力更容易引起黏土的循环剪切破坏。

在国内，2011 年，李庆冰和王凤池等[51]以橡胶粉、原料土和水泥为原材料制备了橡胶水泥复合土，并通过动三轴试验研究了围压和橡胶掺入比对橡胶水泥复合土动力特性的影响规律和影响机理，在此基础上，给出了橡胶水泥复合土的动弹性模量和阻尼比的理论计算方法。研究结果表明：振动次数对不同配比条件下的橡胶水泥复合土试样的动应力-应变关系曲线影响不大；随着橡胶掺入比的增大，试样的动弹性模量减小，而阻尼比却呈上升趋势。2012年，李长雨[52]分析了动荷载作用下橡胶颗粒改良粉煤灰土的力学特性，得到了改良粉煤灰土的力学指标随正负温度的变化规律以及与冻融循环次数的关系。研究发现：在相同温度条件下，橡胶颗粒改良粉煤灰土的动弹性模量在经过3~8次冻融循环后逐渐趋于稳定；在相同冻融循环条件下，橡胶颗粒改良粉煤灰土的动弹性模量随温度的升高而增大，但增大幅度较小。2013年，胡志平等[53]对橡胶粉和黄土的混合物进行了不固结不排水动三轴试验，研究了橡胶粉含量对重塑黄土动力特性的影响规律。试验结果表明，随着橡胶粉含量的增多，混合土的动弹性模量降低；当动剪应变 γ_d 在0~0.2%范围内变化时，橡胶粉含量对混合土的动剪切模量比 G_d/G_{dmax} 的影响较小，而当动剪应变 γ_d 大于0.2%时，混合土的动剪切模量比 G_d/G_{dmax} 随橡胶粉含量的增大而增大；混合土的最大阻尼比随橡胶粉含量的增大而增大。

1.2.5 混合土的动强度特性研究现状与进展

美国纽约州立大学 Buffalo 分校的 Chung 教授[54,55]领导的课题组将乳胶、硅粉及改性的硅粉、甲基纤维素和碳纤维等加入水泥浆中，并对其做了一些试验研究工作，研究结果表明：乳胶、硅粉及改性的硅粉、甲基纤维素和碳纤维加入水泥浆后都能不同程度地提高水泥砂浆的抗震能力。Yasuda 和 Matsumoto[56]对重塑土的力学特性进行了研究，研究成果表明：重塑土能抵抗较大的循环剪应力，且重塑土的循环剪应变比原状土小得多，但重塑土和原状土产生的孔压差很相近。Hazarika 等[57]通过模型试验对轮胎颗粒掺入砂土后的减震效果进行了初步探讨。

在国内，有少数学者对以 EPS 颗粒为轻质材料的混合土的动强度特性进行了探索性的研究，但对以橡胶颗粒为轻质材料的混合土的动强度研究较少。2011年，李长雨和刘寒冰[58]对橡胶颗粒改良粉煤灰土的动强度特性进行了研究，研究结果表明：橡胶颗粒改良粉煤灰土在同一围压作用下的动强度随破坏周数的增加而减小；在同一破坏周数下，橡胶颗粒改良粉煤灰土的动强度随围压的增大而增大；经试验测定，橡胶颗粒改良粉煤灰土的黏聚力为227.26kPa，内摩擦角为17°，均较常规粉煤灰土有所提高，这说明橡胶颗粒改良后的粉煤灰土具有动强度高、黏聚力和内摩擦角大的特点。李庆冰和王凤池等将橡胶粉、土和水泥进行搅拌混合制成一种新型橡胶水泥土，并通过动三轴试验研究了围压、置换率和胶粉掺入比对橡胶水泥复合土动强度特性的影响规律和影响机理。研究结果表明：不同配比条件下橡胶水泥土试样的动强度随着围压和置换率的增大而增大；当围压一定时，橡胶水泥土的动强度随胶粉掺入比的增大而减小，随着围压的增大，橡胶粉掺入比对橡胶水泥土动强度的影响变小。

1.3 本书主要内容

基于我国废弃轮胎资源浪费现状，结合国内外RST混合土的研究现状与进展，选取建筑工程弃土为原料土，以废弃轮胎橡胶颗粒为轻质材料，以水泥为固化剂，加水混合搅拌制备了废弃轮胎橡胶颗粒混合土，即RST混合土，并通过室内土工试验和理论分析，系统深入地研究了RST混合土的物理特性、强度特性、变形特性以及动力特性。

(1) RST混合土的物理特性研究。

1) 采用室内试验方法，研究了制备RST混合土的各种原材料的物理特性，并确定了RST混合土的配比设计方案和试样制备方法，从而为后续试验研究提供基础理论数据。

2) 测定不同配比条件下RST混合土试样的密度，并对所得数据进行理论分析，确定了影响密度的关键因素，进而推导出了RST混合土密度的理论计算公式。

(2) RST混合土的强度特性研究。

1) 利用YYW-2型应变控制式无侧限压力仪对RST混合土的强度特性进行了系统研究，并进行了影响因素分析，得到了胶粒土比、灰土比、水土比和养护龄期对RST混合土无侧限抗压强度的影响规律和影响机理。

2）利用TSZ－3型应变控制式三轴仪对RST混合土的强度特性进行了试验研究，在此基础上，分析了胶粒土比、灰土比、水土比和围压对RST混合土三轴固结不排水抗剪强度的影响规律和影响机理；同时，研究了RST混合土试样的剪切破坏形态，并通过三轴固结不排水剪切试验的莫尔圆包线确定了RST混合土的抗剪强度指标。

（3）RST混合土的变形特性研究。

1）通过无侧限抗压强度试验，研究了RST混合土的变形特性，重点分析了胶粒土比、灰土比、水土比以及养护龄期对RST混合土应力－应变关系曲线的影响规律和影响机理。

2）采用三轴固结不排水剪切试验方法，对RST混合土的变形特性进行了全面研究，得到了RST混合土的应力－应变关系曲线，并通过影响因素分析，确定了胶粒土比、灰土比、水土比以及围压对RST混合土应力－应变关系曲线的影响规律和影响机理。

（4）RST混合土的动变形特性研究。利用DDS－70型动三轴仪对RST混合土的动变形特性进行了系统研究，得到了RST混合土的动应力－应变曲线以及动弹性模量和等效阻尼比的变化曲线，在此基础上，着重分析了围压、橡胶颗粒掺入比、水泥含量和振动频率对RST混合土动变形特性的影响规律。

（5）RST混合土的动强度特性研究。

1）通过动三轴试验，研究了RST混合土的动强度特性；同时，根据动强度试验过程中RST混合土的应变随加载次数的变化规律，确定了适用于RST混合土试样的强度破坏标准；在此基础上，分析了围压、橡胶颗粒掺入比、水泥含量以及振动频率对RST混合土动强度特性的影响规律。

2）根据RST混合土的动强度曲线，确定了RST混合土的莫尔圆和强度包络线，得到了不同配比条件下RST混合土的动强度指标，分析了橡胶颗粒掺入比和水泥含量对RST混合土动强度指标的影响规律。

第2章　RST 混合土原材料物理特性研究

RST 混合土，即废弃轮胎橡胶颗粒混合土，它是由原料土、废弃轮胎橡胶颗粒、水泥和水按照一定比例混合而制成的一种新型土工材料。目前，国内外对这种新型土工材料的认识还不是十分全面，因此，有必要对 RST 混合土的各种物理力学特性进行系统深入的研究。RST 混合土的物理力学特性是由制备该混合土的各种原材料的性质决定的，因此，首先必须对废弃轮胎橡胶颗粒、原料土、水泥和水等各种原材料的性质进行研究。室内试验作为测定土工材料物理、力学特性的重要手段，是岩土工程理论研究和工程实践的基础。

2.1　原料土的物理特性

制备 RST 混合土的原料土多种多样，常用的原料土有砂土、粉土、黏土和淤泥质土等。由不同的原料土制备的 RST 混合土的物理特性、强度特性、变形特性以及动力特性是不同的，有时甚至相差甚远。

综合考虑环保、成本等多方面的因素，决定选用工程弃土作为原料土，工程弃土取自正在施工中的某一建筑工地。所取的工程弃土如图 2－1 所示，根据该土的工程特性，可以初步判定该工程弃土为砂土。

选取砂土这种工程弃土作为制备 RST 混合土的原料土，主要原因如下：

（1）在北方的众多土木工程建设项目中，砂土是最常见的工程弃土之一，选用砂土作为制备 RST 混合土的原料土对于今后有效处理这种工程弃土具有一定的现实意义。

（2）目前，国内现有的关于 RST 混合土的研究，其原料土大多选用低液限黏土或者淤泥质土，而以砂土作为原料土制备 RST 混合

图 2 – 1 原料土

土的研究还未见报道，因此，选用砂土作为制备 RST 混合土的原料土并进行全面研究能够弥补国内在这方面研究的不足，同时，所得研究结果还可以与采用其他原料土制备的 RST 混合土的研究结果形成对比。

（3）砂土作为常见的建筑用土，价格相对便宜，来源也相当广泛，既做到了经济节约，又满足了环保的要求。

将原料土取来后放在通风干燥处，使其自然风干，然后碾碎，就可以通过室内土工试验测到原料土的各种物理力学参数，并可根据《建筑地基基础设计规范》（GB 50007—2011）准确判定原料土的类型。

2.1.1 原料土的含水率

根据《土工试验方法标准》（GB/T 50123—1999）[59] 中给定的试验方法测定原料土的含水率。首先，用天平称出铝盒的质量；然后，随机选取 30g 左右的原料土并放到铝盒中，盖好盒盖，用天平称量原料土与铝盒的总质量；接着，去掉盒盖，将铝盒放在电烘箱中烘烤 6h 以上直至重量不变，电烘箱的温度设置在 105 ~ 110℃。烘烤结束后，取出铝盒立刻加盖盒盖，待其冷却后称量干土与铝盒的总质量，精确至 0.01g。

原料土含水率的计算公式为：

$$\omega_0 = \frac{m_s - m_g}{m_g - m_h} \times 100\% \tag{2-1}$$

式中，ω_0 为原料土的含水率,%；m_h 为铝盒的质量，g；m_s 为湿土与铝盒的总质量，g；m_g 为干土与铝盒的总质量，g。

在测定原料土的含水率时，分别对两组原料土进行了含水率的平行测定，具体的测定结果列于表 2-1。利用式（2-1）计算可得两组原料土样的含水率分别为 7.75% 和 7.63%，均大于 5% 并小于 40%，且两者的平行差值为 0.12%，远小于 1%。因此，可以取两组土样含水率的算术平均值作为原料土的含水率，为 7.69%。

表 2-1 原料土的含水率测定结果

编号	盒重/g	盒加湿土重/g	盒加干土重/g	含水率/%	平均值/%
1	35.85	66.58	64.37	7.75	7.69
2	35.80	64.43	62.40	7.63	

2.1.2 原料土的颗粒级配

由于制备 RST 混合土所用的原料土为工程弃土，土的成分较为复杂，土粒粒径差别较大，因此，可以采用筛分法进行颗粒级配分析试验。对原料土进行颗粒级配分析试验时，首先将试验所需原料土放入温度为 105 ~110℃ 的电烘箱中烘烤至质量不变，然后随机取适量烘干土样放入整套标准筛内，开启振筛机工作 10min 左右。待振动结束后，分别称量出留在各层筛子上的土重，并计算各粒组的相对含量，即可得到原料土的颗粒级配。为了消除试验过程中的偶然误差，同时进行了三组平行试验，测定结果列于表 2-2[60]。

表 2-2 原料土的颗粒级配表

粒径 d /mm	小于某粒径土粒所占质量百分比/%			
	第 1 组	第 2 组	第 3 组	平均值
<10	100.00	100.00	100.00	100.00
<7	98.45	98.10	98.25	98.27

续表2-2

粒径 d /mm	小于某粒径土粒所占质量百分比/%			
	第1组	第2组	第3组	平均值
<5	85.39	86.40	89.42	87.07
<2.5	67.75	65.96	67.54	67.08
<2	56.26	55.23	54.49	55.33
<1	31.99	31.74	31.61	31.78
<0.5	18.70	18.49	17.52	18.24
<0.25	9.79	9.82	8.61	9.41
<0.15	6.29	6.40	5.20	5.96
<0.075	2.33	2.48	1.74	2.18

由表2-2中所列的数据可以看出，三组颗粒级配试验的试验结果相差很小，因此，可用三组试验数据的算术平均值来表示原料土的最终颗粒级配。试验所得的原料土的最终颗粒级配曲线如图2-2所示。

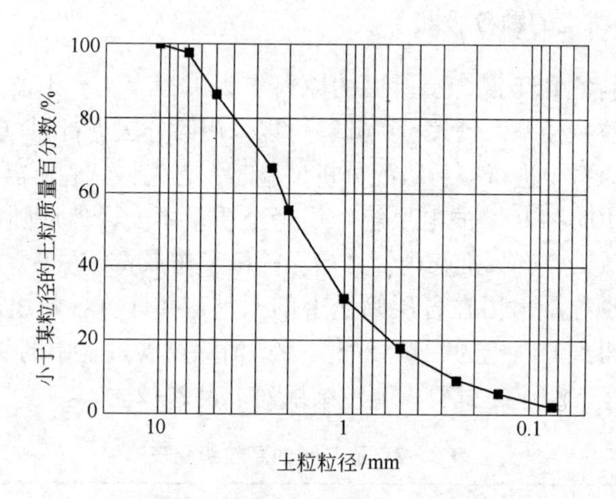

图2-2　原料土的颗粒级配曲线

由图2-2所示的颗粒级配曲线可以看出，粒径大于2mm的土粒质量占原料土总质量的44.67%，不足50%，而粒径大于0.075mm

的土粒质量则占97.82%，远大于50%，根据《建筑地基基础设计规范》（GB 50007—2011）[61]的分类方法，可将此原料土定义为砂土。砂土又可分为砾砂、粗砂、中砂、细砂和粉砂。由于所取的原料土中粒径大于2mm的土粒质量占土粒总质量的25%～50%，因此，可以判定此砂土为砾砂。

根据原料土的颗粒级配曲线，可以确定出原料土颗粒级配的两个定量指标为：

$$C_u = \frac{d_{60}}{d_{10}} = 8.85 \tag{2-2}$$

$$C_c = \frac{d_{30}^2}{d_{10} \times d_{60}} = 1.5 \tag{2-3}$$

式中，C_u 为不均匀系数；C_c 为曲率系数；d_{60}为小于某粒径的土粒质量占原料土总质量60%的粒径，mm；d_{10}为小于某粒径的土粒质量占原料土总质量10%的粒径，mm；d_{30}为小于某粒径的土粒质量占原料土总质量30%的粒径，mm。

由式（2-2）和式（2-3）可知，原料土同时满足 $C_u > 5$ 和 $C_c = 1 \sim 3$ 这两个条件，因此，原料土的颗粒级配良好，可将该原料土用作路堤、堤坝等工程的填土[62]。

2.1.3　原料土的相对密度

砂土的相对密度可采用比重瓶法进行测定。将风干碾碎的土样注入比重瓶内，由排开的同体积水的质量来测定土颗粒的体积。一般来说，土粒的相对密度变化范围不大，砂土的相对密度一般在2.65～2.69之间[63]，因此，本次试验将原料土的相对密度定为2.67。为了防止土颗粒过大造成的制样困难，在制作RST混合土试样之前先将原料土晒干并过2mm的土筛，即取粒径小于2mm的土颗粒进行RST混合土试样的制作。

2.2　废弃轮胎橡胶颗粒的物理特性

废弃轮胎橡胶颗粒是制备RST混合土的一个十分重要的原料，其物理力学特性与RST混合土的工程特性密切相关，因此，必须准确测定出废弃轮胎橡胶颗粒的各种物理力学性质指标，具体包括废弃轮胎橡胶颗粒的粒径、堆积密度和相对密度等。

2.2.1 废弃轮胎橡胶颗粒的粒径

制备RST混合土所用的橡胶颗粒是由废弃轮胎经粉碎机进行机械粉碎得到的，废弃轮胎橡胶颗粒是黑色的棱角不规则的颗粒，且具有一定的弹性，如图2-3所示。经测定，废弃轮胎橡胶颗粒的粒径范围为3~4mm，平均粒径为3.5mm。

图2-3 废弃轮胎橡胶颗粒

2.2.2 废弃轮胎橡胶颗粒的堆积密度

为了测定废弃轮胎橡胶颗粒的堆积密度，首先将去掉瓶塞的比重瓶烘干并称量其质量，然后在比重瓶中装满水，称量出比重瓶和水的总质量，再倒掉比重瓶中的水，并将比重瓶烘干，最后在比重瓶中装满废弃轮胎橡胶颗粒，抹平之后称量比重瓶和废弃轮胎橡胶颗粒的总质量，精确至0.01g。

废弃轮胎橡胶颗粒堆积密度的试验测定过程如图2-4所示。

废弃轮胎橡胶颗粒堆积密度的计算公式为：

$$\rho_r = \frac{m_{br} - m_b}{m_{bw} - m_b} \tag{2-4}$$

图 2－4 废弃轮胎橡胶颗粒堆积密度的测定过程

式中，ρ_r 为橡胶颗粒的堆积密度，g/cm^3；m_{br}为比重瓶和橡胶颗粒的总质量，g；m_{bw}为比重瓶和水的总质量，g；m_b 为比重瓶的质量，g。水的密度取为 1.00g/cm^3。

为了避免试验过程中的各种偶然误差，同时进行了三组平行试验，并取三组平行试验结果的算术平均值作为废弃轮胎橡胶颗粒的最终堆积密度。废弃轮胎橡胶颗粒堆积密度的测定数据和计算结果列于表 2－3，经计算可知，废弃轮胎橡胶颗粒的堆积密度为 0.62g/cm^3。

表 2－3 废弃轮胎橡胶颗粒的堆积密度测定结果

编号	比重瓶的质量/g	比重瓶和水的总质量/g	比重瓶和橡胶颗粒的总质量/g	堆积密度/g · cm^{-3}	堆积密度平均值/g · cm^{-3}
1	26.01	125.94	87.77	0.62	0.62
2	26.04	126.02	87.45	0.61	
3	25.98	125.66	88.02	0.62	

2.2.3 废弃轮胎橡胶颗粒的相对密度

为了测定废弃轮胎橡胶颗粒的相对密度，选取一只 100mL 的加盖瓶塞的比重瓶，称量出其质量，然后向比重瓶中加入一定质量的废弃轮胎橡胶颗粒，称量出比重瓶和废弃轮胎橡胶颗粒的总质量。待称量结束后，往比重瓶中加适量的水，并保证橡胶颗粒不会随水溢出。

用手堵住比重瓶的瓶口并来回振荡直至气泡全部排出，然后塞紧瓶塞挤出多余的水，擦干比重瓶后称量比重瓶、橡胶颗粒和水的总质量，精确至0.01g。

废弃轮胎橡胶颗粒相对密度的测定过程如图2－5所示。

图2－5 废弃轮胎橡胶颗粒相对密度的测定过程

废弃轮胎橡胶颗粒相对密度的计算公式为：

$$\rho_r' = \frac{m_{br}' - m_b'}{100 - (m_{bw}' - m_{br}')} \tag{2-5}$$

式中，ρ_r'为橡胶颗粒的相对密度，g/cm^3；m_{br}'为比重瓶和橡胶颗粒的总质量，g；m_b'为比重瓶的质量，g；m_{bw}'为比重瓶、水和橡胶颗粒的总质量，g。水的密度取为1.00g/cm^3。

为了避免试验过程中的各种偶然误差，同时进行了三组平行试验，并取三组平行试验结果的算术平均值作为废弃轮胎橡胶颗粒的最终相对密度。废弃轮胎橡胶颗粒相对密度的测定数据和计算结果列于表2－4，经计算可知，废弃轮胎橡胶颗粒的相对密度为1.42g/cm^3。

表2－4 废弃轮胎橡胶颗粒的相对密度测定结果

编号	比重瓶的质量/g	比重瓶和橡胶颗粒的总质量/g	比重瓶、水和橡胶颗粒的总质量/g	相对密度/g · cm^{-3}	相对密度平均值/g · cm^{-3}
1	29.89	42.55	133.56	1.41	
2	30.03	40.23	133.19	1.45	1.42
3	30.03	45.98	134.59	1.40	

2.3 水泥和水的物理特性

在制备 RST 混合土时，选用水泥作为固化剂。水泥在 RST 混合土中主要起胶凝的作用，随着水泥水化反应的不断进行，产生的胶结结构越来越多，从而将废弃轮胎橡胶颗粒和土颗粒胶结在一起形成整体结构，水泥水化反应形成的胶结结构就是 RST 混合土的骨架。

根据水泥的化学成分和用途等，可以将水泥分为很多种类，不同种类的水泥，其物理力学性质也有较大区别。在研究 RST 混合土的物理特性以及静强度特性和静变形特性时，制备 RST 混合土所用的水泥为 P · C 32.5 复合硅酸盐水泥，密度约为 3.00g/cm^3。在研究 RST 混合土的动强度特性和动变形特性时，制备 RST 混合土所用的水泥为 P · O 42.5 普通硅酸盐水泥，密度约为 3.10g/cm^3。

制备 RST 混合土所用的水为清洁的自来水,水的密度为 1.00g/cm^3。

2.4 小结

RST 混合土是由废弃轮胎橡胶颗粒、原料土、水泥和水混合而成的，为了研究 RST 混合土的物理力学特性,必须首先确定制备 RST 混合土的各种原材料的特性。为此,本章通过室内试验分别测定了原粒土的含水率、颗粒级配和相对密度,废弃轮胎橡胶颗粒的粒径、堆积密度和相对密度,以及水泥和水的种类和密度等。得到的主要结论如下:

(1) 制备 RST 混合土所选用的原料土为砾砂，颗粒级配良好，含水率为 7.69%，相对密度为 2.67。

(2) 制备 RST 混合土所选用的橡胶颗粒为废弃轮胎橡胶颗粒,其平均粒径为 3.5mm,堆积密度为 0.62g/cm^3,相对密度为 1.42g/cm^3。

(3) 在研究 RST 混合土的物理特性以及静强度特性和静变形特性时，制备 RST 混合土所用的水泥为 P · C 32.5 复合硅酸盐水泥，密度约为 3.00g/cm^3。在研究 RST 混合土的动强度特性和动变形特性时，制备 RST 混合土所用的水泥为 P · O 42.5 普通硅酸盐水泥，密度约为 3.10g/cm^3。

(4) 制备 RST 混合土所用的水为清洁的自来水，水的密度为 1.00g/cm^3。

第3章 RST混合土密度特性研究

由于RST混合土中掺加了废弃轮胎橡胶颗粒这种轻质材料，从而使RST混合土的密度小于自然土体，轻质性也就成了RST混合土最基本和最重要的特性之一，这也是目前国内外学者研究RST混合土的工程特性并将其应用到工程实践中的初衷所在。在满足强度和变形要求的前提下，尽可能地降低RST混合土的密度，是国内外学者研究RST混合土的核心思想。

本章首先对RST混合土的配比设计方案和试样制备方法进行了探讨，然后，重点研究了RST混合土的密度特性，并进行了影响因素分析，得到了胶粒土比、灰土比和水土比对RST混合土密度的影响规律，在此基础上，推导出了RST混合土密度的理论计算公式，并验证了密度计算公式的合理性。

3.1 RST混合土的配比方案设计和试样制备方法

对RST混合土进行配比方案设计是研究RST混合土物理力学特性的前提，也是决定研究结果准确性的关键。不同配比条件下RST混合土的物理特性是不同的，合理的配合比不仅便于简便高效地制备RST混合土试样，而且还有利于准确合理地分析RST混合土的密度随配合比的变化规律。另外，由于在RST混合土中添加了废弃轮胎橡胶颗粒和水泥，所以，RST混合土试样的制备方法与常规土样的制备方法有着明显的差别。

3.1.1 RST混合土的配比方案设计

RST混合土是一种全新的土工填筑材料，相关研究还处于起步阶段，距离将其应用到工程实践中还有很大差距。由于配制RST混合土的原材料种类较多，混合土的工程特性受原材料的特性和原材料的配比影响较大，因此，在进行RST混合土物理特性、强度特性和变形特性的研究之前必须确定合理有效的原材料配比方案，即进行 RST 混合土的配比方案设计。目前，国内外还没有针对 RST 混合土的试验规范和标准可以遵循，试样的制备质量和配比方案设计的合理程度将会显著影响其物理特性和力学性能的试验结果，因此，必须综合考虑经济性和实用性的要求进行 RST 混合土试样的配比方案设计。

在对 RST 混合土进行配比方案设计时，要重点考虑以下三个方面：

（1）研究确定的 RST 混合土的配比方案要满足现有实验设备和实验仪器在量程、尺寸、温度、时间等方面的客观要求。

（2）在进行 RST 混合土配比方案设计时，要考虑工程应用条件，即研究确定的 RST 混合土的配比方案要便于日后在实际工程中推广应用。

（3）研究确定的 RST 混合土的配比方案既要满足实验条件和工程应用要求，还要考虑经济效益和环境保护标准。

由于试验过程中制备的 RST 混合土试样较多，因此，要对 RST 混合土试样进行统一编号。在对 RST 混合土试样进行编号时，采用 RST $J-H-S$ 的编号形式，其中，J，H，S 分别为胶粒土比、灰土比和水土比，且都是相对于原料土的干土质量来说的。例如：编号为 RST 40－10－20 的混合土试样表示制作该 RST 混合土试样的原材料是按每 100g 原料土拌和 40g 废弃轮胎橡胶颗粒、10g 水泥和 20g 水的比例混合而成的。

基于以上条件和要求，研究确定的 RST 混合土的配比设计方案如下：

（1）胶粒土比 J 的配比范围设计在 0～80% 之间，分别取为 0，20%，40%，60% 和 80%，以 40% 为主。这是因为在室内试验的实际操作过程中，由于橡胶颗粒的密度小于原料土和水泥的密度，所以，在相同质量条件下，橡胶颗粒所占的体积较大，特别是当胶粒土比超过 80% 以后，RST 混合土试样中橡胶颗粒的体积是原料土的三倍多，再加上废弃轮胎橡胶颗粒的粒径较大，形状不规则且棱角较多，在常温下又不具有黏结性，所以，即使在 RST 混合土中加入了适量的水泥，但 RST 混合土试样仍然很难成型，试样表面的裂纹较多，如图 3－1 所示。另外，在胶粒土比从 0 增大到 80% 的过程中，试样的上下表面也越来越难抹平，试样的成型质量越来越差。

图 3－1　表面裂纹较多的 RST 混合土试样

（2）灰土比 H 的配比范围设计在 5% ~15% 之间，分别取为 5%，8%，10%，13% 和 15%，以 10% 为主。由于水泥在制备 RST 混合土试样时发挥了固化剂的胶凝作用，因此，当灰土比低于 5% 时，水泥所能提供的胶凝作用很小，特别是当 RST 混合土试样的胶粒土比大于 40% 后试样就很难成型，同时，低灰土比的 RST 混合土试样的强度太低，工程特性太差，无法满足强度试验的要求。另外，当灰土比超过 15% 甚至更高时，RST 混合土在实际工程中的应用就会受到限制，这是因为随着灰土比的不断增大，RST 混合土的制备成本就会明显增加，这在一定程度上降低了工程弃土和废弃轮胎橡胶颗粒的使用量，不符合经济节省和环保达标的要求。

（3）水土比 S 的配比范围设计在 15% ~30% 之间，以 20% 和 25% 为主。这是因为，当水土比低于 15% 时，制备 RST 混合土的各种原材料在混合时无法搅拌均匀，水泥、原料土等无法与水充分接触，从而使 RST 混合土试样在养护后不容易成型，分层或者断裂现象严重。相反，随着水土比的增大，由各种原材料搅拌成的混合物的流动性不断增大，尤其是当水土比超过 30% 以后，RST 混合土试样在击实过程中常常会出现明显的泥水飞溅现象，从而造成原材料的损失，影响试验结果，而且制成的试样表面孔洞较多，如图 3 –2 所示，成型后的 RST 混合土试样的高度比标准试样的高度也明显低很多。

图 3 –2 表面孔洞较多的 RST 混合土试样

（4）RST 混合土试样的养护龄期确定为 14 天。由于在研究 RST 混合土试样的密度特性时制备的 RST 混合土试样是可以重复利用的，也就是说，同一个 RST 混合土试样既可以用来测定 RST 混合土的密度特性，然后还可以继续用于其他试验以测定 RST 混合土的强度和变形特性，所以，RST 混合土试样的养护龄期主要是根据 RST 混合土无侧限抗压强度试验和三轴固结不排水剪切试验的要求而确定的。如果 RST 混合土试样的养护龄期过短，则试样的无侧限抗压强度和三轴固结不排水抗剪强度就会过低，此时研究 RST 混合土的强度特性就没有实际工程意义；相反，如果 RST 混合土试样的养护龄期过长，则会延长所有试验的进程，从而使实验时间过长，浪费时间。

3.1.2 RST 混合土试样的制备方法

在制备 RST 混合土试样时，首先，将从施工工地取来的工程弃土风干晾晒一周，在此期间，每半天翻动一次土样，并将大块的土团辗碎，然后测定原料土的含水率，如果含水率低于 5%，则满足试验要求。另外，也可以采用电烘箱来烘干原料土，直至土样质量不再发生变化。当原料土经晾晒并满足含水率的要求后还需过直径为 2mm 的土筛，筛除影响试验的大颗粒物和其他杂质。

制备 RST 混合土的原材料准备齐全后，将原料土、废弃轮胎橡胶颗粒、水泥和水按照确定的配比方案进行混合。由于混合物中添加了粒径较大的废弃轮胎橡胶颗粒和少量固化剂水泥，所以，在混合添加顺序上也有一定的要求。将原材料进行混合时，首先将原料土和水泥进行混合，待搅拌均匀后再加入废弃轮胎橡胶颗粒，三者继续充分搅拌，直至均匀，最后再加入实验室用水，用搅拌器匀速拌和 5 ~ 10min。由于试验过程中的水土比控制在 30% 以下，所以，如果先加入水再加入橡胶颗粒，就会使水泥、原料土和水混合后的产物不易包裹住橡胶颗粒。如果先把原料土、水泥和橡胶颗粒混合均匀后再加水搅拌，则可以避免橡胶颗粒包裹不均匀现象的发生，有利于试样的成型。

在进行 RST 混合土的室内试验时，选用内径为 39.1mm、高度为 80mm 的标准饱和器来制备试样，土样饱和器如图 3 – 3 所示。

为了保证 RST 混合土试样成型后的均匀性和密实性，制样前在饱和器内部涂一层凡士林，以使 RST 混合土试样养护后容易脱模且

图 3 – 3　土样饱和器

不至于破损。在将混合物装入饱和器的过程中需分 4 次进行击实，每层击打 25 下并刮毛，防止试样脱模后出现断层现象，如图 3－4 所示。由于废弃轮胎橡胶颗粒的粒径相对较大，颗粒的形状不规则且具有一定的弹性，因此，击实作业完成后，需对试样的上下表面进行抹平处理，否则会对试验结果造成一定的影响。

图 3－4 出现断层的 RST 混合土试样

最后，将制备好的 RST 混合土试样贴上标签，放入标准养护箱中进行恒温恒湿养护。选用的养护箱为 YH－40B 型标准恒温恒湿养护箱，如图 3－5 所示。养护箱的温度控制在 20±2℃，湿度控制在 95%以上。试样养护 24h 后脱模，如果脱模时间过早，试样可能还没有固化成型，容易松散破碎；如果脱模时间过迟，试样与模具之间的胶结力可能会过大，从而增加脱模时的难度。不同配比条件下 RST 混合土试样的脱模时间可能存在较小差别，但是在 24h 后均可实现轻松脱模。将脱模后的 RST 混合土试样贴上标签，再次放入标准养护箱中继续养护，直至达到养护龄期。

制备好的 RST 混合土试样如图 3－6 所示。对比制备好的 RST 混合土试样可以发现，RST 混合土试样养护 24h 并脱模后，试样高度基本一致，没有出现膨胀或者试样高度明显降低的情况。这是因为砂土

图3-5 YH-40B型标准恒温恒湿养护箱

图3-6 成型后的RST混合土试样

本身的压缩性较差，而废弃轮胎橡胶颗粒与水泥、原料土拌和后能够形成相对紧密的胶结结构，同时，在进行配比方案设计时，确定的水土比相对较小，最高仅为30%，因此，在制备 RST 混合土试样的过程中几乎没有出现泌水的现象。

3.2 RST 混合土密度特性的试验方案和试验方法

3.2.1 RST 混合土密度特性的试验方案

轻质性是 RST 混合土的一个十分重要的物理特性，密度则是评定 RST 混合土轻质性的一个定量指标，因此，重点对 RST 混合土的密度特性进行了研究，并全面分析了胶粒土比、灰土比和水土比对 RST 混合土密度的影响规律。研究确定的 RST 混合土密度试验的配比方案列于表 3－1。

表 3－1 RST 混合土密度特性的试验方案

配比方案	影响因素		
	胶粒土比 J 的影响	灰土比 H 的影响	水土比 S 的影响
胶粒土比 J/%	0，20，40，60，80	40，60	40，60
灰土比 H/%	5，8，10	5，10，15	10，15
水土比 S/%	20	20，25	20，25，30
养护龄期 Q/d	14	14	14

由表 3－1 中所列试验方案可知，为了研究胶粒土比 J 对 RST 混合土密度的影响规律，在灰土比 H 分别为 5%，8% 和 10%，水土比 S 为 20%，养护龄期为 14 天的情况下，胶粒土比 J 分别取为 0，20%，40%，60% 和 80% 进行试样制备，共计 15 个试验工况。依此类推，在研究灰土比 H 和水土比 S 对 RST 混合土密度的影响规律时分别考虑了 12 个试验工况，试样配比详见表 3－1，不再一一赘述。

3.2.2 RST 混合土密度特性的试验方法

为了研究不同配比条件下 RST 混合土试样的密度变化规律，并尽量减少试验过程中偶然因素对试验结果的影响，对同一配比的 RST 混合土试样进行 3 组平行试验，并取 3 组试验结果的算术平均值作为 RST 混合土密度的最终实测值。相同养护龄期且相同配比的 RST 混合土试样的密度误差应控制在2%以内，若同组试样的密度误差超过2%，则应重新制样并进行试验。由于制备的RST混合土试样的高度与饱和器三瓣筒的高度基本一致，也就是说，RST混合土试样的体积与饱和器的容积基本相同，且RST混合土试样的密度与试样的质量密切相关，因此，RST混合土试样的密度大小可以通过试样的质量大小来做初步的简单比较。

在进行RST混合土试样的密度特性试验时，首先将达到设计养护龄期的RST混合土试样从标准养护箱中取出，揭去标签并做好记录，用滤纸擦净试样外围的水分。在擦拭的过程中要特别小心，不能将试样表面裸露的橡胶颗粒擦掉，更不能损坏试样。待试样表面的干燥度达到要求后，将RST混合土试样放在电子天平上，分别称量出每种配比的3组试样的质量，并通过下式计算出RST混合土的密度：

$$\rho_{RST}=\frac{m_{RST}}{A\times h_{RST}} \tag{3-1}$$

式中，ρ_{RST}为RST混合土试样的密度，g/cm^3；A为试样的底面积，与饱和器的截面积相同，$A=12$cm^2；h_{RST}为试样的高度，cm。

3.3 RST混合土密度特性的试验结果分析

3.3.1 胶粒土比对RST混合土密度的影响规律

在研究胶粒土比J对RST混合土试样密度的影响规律时，共制备了15种不同配比的RST混合土试样，并分别对这些试样进行了密度试验。这15种RST混合土试样的配比情况是：在灰土比分别为5%，8%和10%，水土比为20%，养护龄期为14天的情况下，胶粒土比分别取为0，20%，40%，60%和80%。在此配比情况下，RST混合土试样的密度实测值列于表3－2，并将表3－2中所列的密度实测值以折线图的形式绘于图3－7中。

由图3－7中所示的曲线可以看出，在灰土比和水土比一定的情况下，随着胶粒土比的增大，RST混合土的密度不断减小，且基本呈线性减小的趋势。这是因为废弃轮胎橡胶颗粒的密度小于原料土和水泥的密度，略大于水的密度。当胶粒土比从0逐渐增大到80%的过程

表 3－2 不同胶粒土比时 RST 混合土试样的密度实测值

（g/cm^3）

灰土比 H /%	胶粒土比 J/%				
	0	20	40	60	80
5	2.022	1.929	1.847	1.674	1.557
8	2.070	1.947	1.859	1.733	1.574
10	2.086	1.956	1.864	1.775	1.603

中，废弃轮胎橡胶颗粒在 RST 混合土试样中所占的比例不断增大，在试样体积不变的情况下，原料土和水泥所占的比例就会减小，从而使 RST 混合土试样的质量变小，RST 混合土试样的密度也会随之不断变小。

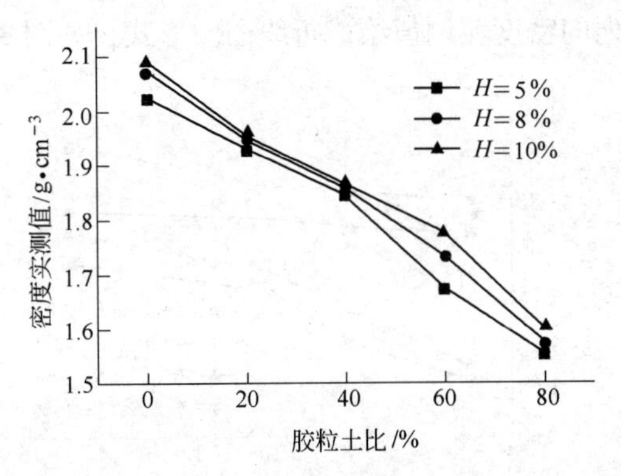

图 3－7 胶粒土比对 RST 混合土试样密度的影响曲线

3.3.2 灰土比对 RST 混合土密度的影响规律

为了研究灰土比 H 对 RST 混合土试样密度的影响规律，共制备了 16 种不同配比方案的试样，并分别对这些试样进行了密度试验。这 16 种 RST 混合土试样的配比情况是：在胶粒土比分别为 40% 和 60%，水土比分别为 20% 和 25%，养护龄期为 14 天的情况下，灰土比分别取为 5%，8%，10% 和 15%。在此配比情况下，RST 混合土试样的密度实测值列于表 3－3。

表3-3 不同灰土比时RST混合土试样的密度实测值（g/cm^3）

胶粒土比 J/%	水土比 S/%	灰土比 H/%			
		5	8	10	15
40	20	1.847	1.859	1.864	1.908
	25	1.814	1.821	1.830	1.838
60	20	1.674	1.733	1.775	1.815
	25	1.659	1.699	1.754	1.784

在RST混合土试样的配比设计方案中，虽然固化剂水泥的掺量比较少，变化范围也较小，但由于水泥的密度高于其他原材料，所以，灰土比的变化对RST混合土试样密度的影响较大。为了更形象直观地比较不同灰土比条件下RST混合土试样密度的变化规律，将表3-3中所列的密度实测值绘成折线图的形式，如图3-8所示。

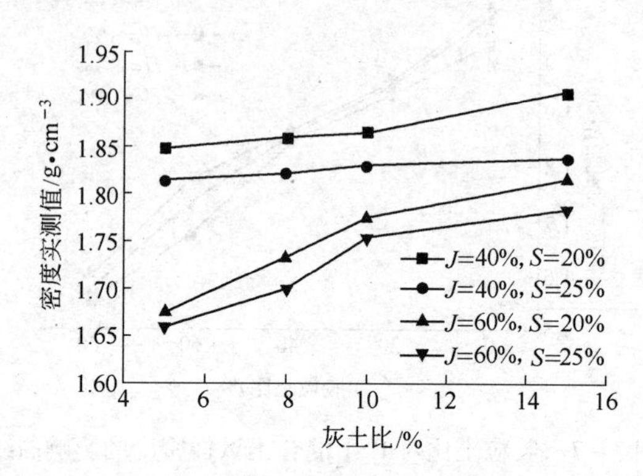

图3-8 灰土比对RST混合土试样密度的影响曲线

图3-8中所示的曲线表明：在胶粒土比和水土比一定的情况下，随着灰土比的增大，RST混合土试样的密度不断增大，且近似呈线性增大的趋势。这主要是因为水泥的密度大于原料土、废弃轮胎橡胶颗粒和水的密度，当胶粒土比和水土比一定时，随着灰土比的增大，水泥在RST混合土试样中所占的比例增大，在RST混合土试样体积不变的情况下，原料土、废弃轮胎橡胶颗粒和水所占的比例不断减小，RST混合土试样的质量不断增大，RST混合土试样的密度也会随之不

断增大。

另外，从图 3－8 中所示的曲线还可以看出，在研究灰土比对 RST 混合土试样密度的影响规律时，胶粒土比和水土比对密度曲线也有一定的影响，而且胶粒土比的这种影响在灰土比较小时表现得更为明显，水土比对密度曲线的影响则相对较弱。

3.3.3 水土比对 RST 混合土密度的影响规律

在研究水土比 S 对 RST 混合土试样密度的影响规律时，共制备了 12 种不同配比的 RST 混合土试样，并分别对这些试样进行了密度特性试验。这 12 种试样的配比情况分别是：在胶粒土比分别为 40% 和 60%，灰土比分别为 10% 和 15%，养护龄期为 14 天的情况下，水土比分别取为 20%，25% 和 30%。在此配比情况下，RST 混合土试样的密度实测值列于表 3－4。

由表 3－4 中所列的数据可以看出，不同水土比时 RST 混合土试样的密度实测值相差不大。为了更加形象直观地分析水土比对 RST 混合土试样密度的影响规律，将表 3－4 中所列的密度实测值以折线图的形式绘于图 3－9 中。

表 3－4 不同水土比时 RST 混合土试样的密度实测值 (g/cm^3)

胶粒土比 J/%	灰土比 H/%	水土比 S/%		
		20	25	30
40	10	1.864	1.830	1.804
	15	1.908	1.838	1.820
60	10	1.775	1.754	1.750
	15	1.815	1.784	1.780

由图 3－9 中所示的曲线可以看出，在胶粒土比和灰土比一定的情况下，当水土比从 20% 增大到 30% 时，RST 混合土试样的密度不断减小，且近似呈线性减小趋势。这主要是因为水的密度明显小于原料土和水泥的密度，且与废弃轮胎橡胶颗粒的密度相差不大。随着水土比的增大，水在 RST 混合土试样中所占的比例不断增大，在 RST 混合土试样体积不变的情况下，原料土、水泥和废弃轮胎橡胶颗粒所

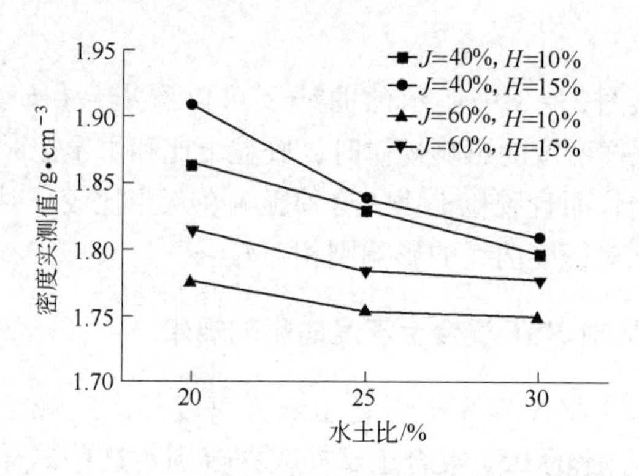

图3-9　水土比对RST混合土试样密度的影响曲线

占的比例就会相应减小，RST混合土试样的质量也会减小，从而使RST混合土试样的密度不断减小。

3.4　RST混合土密度的理论计算公式

轻质性是RST混合土这种新型土工材料的重要物理特性，密度则是体现这种新型土工填料轻质性的一个重要参数。通过RST混合土的密度计算公式可以确定混合土自重荷载的大小和原材料用量之间的关系，为工程设计提供重要的理论依据。对于已知配比的RST混合土试样来说，通过密度计算公式可以直接计算出RST混合土试样的密度，不仅省时省力，而且可以减少试验误差。

RST混合土试样的密度计算公式为：

$$\rho_{RST} = \frac{m_T + m_J + m_H + m_S}{V_T + V_J + V_H + V_S} = \frac{1 + J + H + S}{\frac{1}{\rho_T} + \frac{J}{\rho_J} + \frac{H}{\rho_H} + \frac{S}{\rho_S}} \quad (3-2)$$

式中，m_T，m_J，m_H，m_S分别为原料土、废弃轮胎橡胶颗粒、水泥和水在试样中的质量，g；V_T，V_J，V_H，V_S分别为原料土、废弃轮胎橡胶颗粒、水泥和水在试样中的体积，cm^3；J，H，S分别为胶粒土比、灰土比和水土比，%；ρ_T，ρ_J，ρ_H，ρ_S分别为原料土、废弃轮胎橡胶颗粒、水泥和水的密度，g/cm^3。在推导RST混合土试样的密度计算公式时，假设试验中所用自来水的密度为$1.00g/cm^3$。

只要已知制备 RST 混合土试样的各种原材料的配合比和密度，就可以方便地利用式（3－2）计算出 RST 混合土试样的密度。J，H 和 S 分别表示胶粒土比、灰土比和水土比，但当运用密度计算式（3－2）代入数值进行计算时，J，H 和 S 应分别取与 1g 原料土相对应的废弃轮胎橡胶颗粒、水泥和水的质量。举例说明：对于编号为 RST 20－10－20 的 RST 混合土试样，计算 RST 混合土的密度时，J，H 和 S 的取值应分别为 $J=0.2$，$H=0.1$，$S=0.2$；ρ_T，ρ_J，ρ_H，ρ_S 分别表示原料土、废弃轮胎橡胶颗粒、水泥和水的密度，由第 2 章中的实测试验数据可知，$\rho_T=2.67\text{g/cm}^3$，$\rho_J=1.42\text{g/cm}^3$，$\rho_H=3.00\text{g/cm}^3$，$\rho_S=1.00\text{g/cm}^3$。

为了验证 RST 混合土试样密度计算公式的合理性和有效性，将 RST 混合土试样密度的实测值与理论公式计算值进行对比，密度对比数据列于表 3－5。

表 3－5 RST 混合土试样密度的试验实测值与理论公式计算值的对比

（g/cm³）

灰土比 H/%	水土比 S/%	胶粒土比 J/%									
		0		20		40		60		80	
		实测值	计算值	实测值	计算值	实测值	计算值	实测值	计算值	实测值	计算值
5	15	—	—	—	—	—	—	—	—	—	—
	20	2.022	2.111	1.929	1.978	1.847	1.888	1.674	1.823	1.557	1.775
	25	—	—	—	—	1.814	1.840	1.659	1.690	—	—
	30	—	—	—	—	—	—	—	—	—	—
8	15	—	—	—	—	—	—	—	—	—	—
	20	2.070	2.126	1.947	1.992	1.859	1.900	1.733	1.834	1.574	1.785
	25	—	—	—	—	1.821	1.852	1.699	1.795	—	—
	30	—	—	—	—	—	—	—	—	—	—
10	15	—	—	—	—	—	—	—	—	—	—
	20	2.086	2.138	1.956	2.002	1.864	1.910	1.775	1.843	1.603	1.793
	25	—	—	—	—	1.830	1.862	1.754	1.804	—	—
	30	—	—	—	—	1.804	1.818	1.750	1.768	—	—

续表 3-5

灰土比 H/%	水土比 S/%	胶粒土比 J/%									
		0		20		40		60		80	
		实测值	计算值	实测值	计算值	实测值	计算值	实测值	计算值	实测值	计算值
15	15	—	—	—	—	—	—	—	—	—	—
	20	—	—	—	—	1.908	1.929	1.815	1.861	—	—
	25	—	—	—	—	1.838	1.881	1.784	1.821	—	—
	30	—	—	—	—	1.820	1.837	1.780	1.786	—	—

由表3-5中所列的对比数据可以看出，利用理论计算公式求得的RST混合土试样的密度值与室内试验实测值十分接近，从而说明RST混合土试样的密度理论计算公式是合理可靠的。

为了证明RST混合土试样的密度计算值与室内试验实测值的相关性，以RST混合土试样的密度实测值为横坐标，以密度计算值为纵坐标，画出一条密度的拟合直线，如图3-10所示。拟合直线的方程为 $y=0.75467x+0.5112$，相关系数为 $R^2=0.81169$。

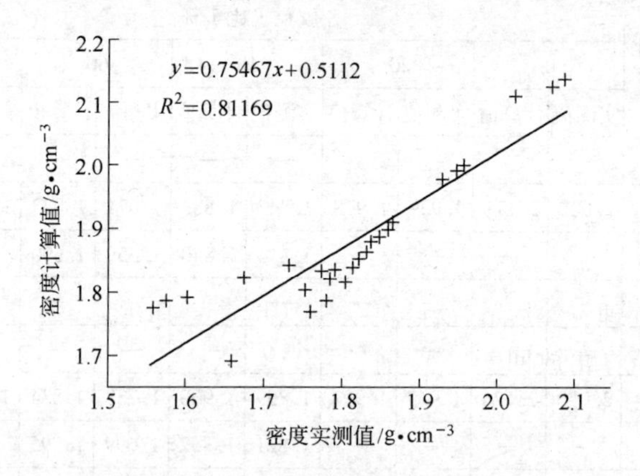

图3-10 RST混合土试样密度的实测值与计算值之间的关系

由图3-10可以看出，拟合直线的斜率为0.75467，是小于1的，这说明RST混合土试样的密度实测值小于密度的理论公式计算值。另外，拟合直线的相关系数为 $R^2=0.81169$，说明RST混合土试样的密度实测值与理论公式计算值之间的相关性较好。

3.5 小结

本章首先对RST混合土试样的配比设计方案和试样制备方法进行了研究，确定了RST混合土试样密度特性的试验方案和试验方法，然后重点研究了RST混合土试样的密度特性，并进行了影响因素分析，得到了胶粒土比、灰土比和水土比对RST混合土试样密度的影响规律，最后基于若干合理假设，推导出了RST混合土试样密度的理论计算公式，并验证了该理论计算公式的合理性。得到的主要结论如下：

（1）研究确定了RST混合土试样的配比设计方案，即标准养护龄期确定为14天；胶粒土比分别为0，20%，40%，60%和80%，以40%为主；灰土比分别为5%，8%，10%，13%和15%，以10%为主；水土比分别为15%，20%，25%以及30%，以20%和25%为主。

（2）确定了RST混合土试样的制备方法。由于RST混合土是由多种原材料制备而成的，其试样的制备方法与天然土试样的制备方法存在显著差别。原料土要先粉碎后晾晒或烘烤并过2mm细筛，然后按配比将粒径小于2mm的砂土与水泥混合均匀后再加入废弃轮胎橡胶颗粒搅拌至三者充分混合，最后加入水再进行拌和；选用内径为39.1mm，高度为80mm的饱和器制备混合土试样，混合物分4次装入饱和器中，每层击实25下并刮毛；击实结束后要对试样上下表面进行抹平处理，然后放在标准养护箱中养护24h后脱模，脱模后经检查合格的试样再放回养护箱中按照设计龄期进行养护。

（3）在灰土比和水土比一定的条件下，RST混合土试样的密度随胶粒土比的增大而不断减小，且RST混合土试样的密度随胶粒土比的变化具有较好的线性关系。

（4）在胶粒土比和水土比一定的条件下，RST混合土试样的密度随灰土比的增大而不断增大，且两者之间具有较好的线性关系。

（5）在胶粒土比和灰土比一定的条件下，RST混合土试样的密度随水土比的增大而逐渐减小，且RST混合土试样的密度与水土比之间基本满足线性变化的关系。

（6）基于若干合理假设，推导出了 RST 混合土试样密度的理论计算公式，且 RST 混合土试样密度的实测值略小于密度的理论计算值，两者拟合直线的相关系数为 $R^2=0.81169$，说明 RST 混合土试样密度的实测值与理论计算值之间具有较好的相关性。

第4章　RST混合土无侧限抗压强度试验研究

无侧限抗压强度试验是研究土体的强度特性和变形特性的一种十分有效的试验方法，该试验操作较为简便，试验方法较为成熟，应用也较为广泛。由于RST混合土是由原料土、废弃轮胎橡胶颗粒、水泥和水等多种原材料制备而成的，每种原材料的物理力学特性及其配合比均会显著影响RST混合土的无侧限抗压强度特性和变形特性。本章通过无侧限抗压强度试验对RST混合土的强度特性和变形特性进行了研究，重点分析了养护龄期Q、胶粒土比J、灰土比H和水土比S对RST混合土无侧限抗压强度特性以及应力-应变关系曲线的影响规律。

4.1　RST混合土无侧限抗压强度试验的配比设计方案与试验方法

4.1.1　RST混合土无侧限抗压强度试验的配比设计方案

为了全面系统地研究RST混合土的无侧限抗压强度特性和变形特性，综合考虑胶粒土比、灰土比、水土比和养护龄期这四种因素的影响作用，根据RST混合土无侧限抗压强度试验的特点和室内土工试验的实际情况，对RST混合土试样进行了配比方案设计，具体的配比设计方案列于表4-1。

表4-1　RST混合土试样无侧限抗压强度试验的配比设计方案

配比方案	养护龄期Q的影响	胶粒土比J的影响	灰土比H的影响	水土比S的影响
胶粒土比J/%	40	0，20，40，60，80	40，60	40，60
灰土比H/%	5，10，15	5，8，10	5，8，10，15	10，15

续表4－1

配比方案	养护龄期 Q 的影响	胶粒土比 J 的影响	灰土比 H 的影响	水土比 S 的影响
水土比 S/%	20	20	20，25	20，25，30
养护龄期 Q/d	7，14，21，28	14	14	14

由表4－1中所列的数据可以看出，制定的RST混合土无侧限抗压强度试验的配比方案为：养护龄期分别取为7天、14天、21天和28天，以14天为标准养护龄期；胶粒土比分别取为0，20%，40%，60%和80%，以40%为主；灰土比分别取为5%，8%，10%和15%，以10%为主；水土比分别取为20%，25%和30%，以20%为主。

为了使RST混合土无侧限抗压强度试验的结果更加精确有效，需要制备3组相同配合比的试样，并逐一进行无侧限抗压强度试验，在试验结果不存在较大误差的前提下，取3组试验结果的算术平均值作为RST混合土该配合比试样最终的无侧限抗压强度实测值。对于有较大误差的试验数据应该进行剔除，并重新制作试样，达到设计养护龄期后再进行补充试验。

另外，由表4－1中所列的配比设计方案还可看出，为了研究胶粒土比 J 对RST混合土试样无侧限抗压强度的影响规律，在灰土比 H 分别取为5%，8%和10%，水土比 S 取为20%，养护龄期为14天的情况下，胶粒土比 J 分别取为0，20%，40%，60%和80%进行试样制备，共计15个试验工况。依此类推，在研究水土比 S 和养护龄期 Q 对RST混合土试样无侧限抗压强度的影响规律时分别考虑了12个试验工况，在研究灰土比 H 对RST混合土试样无侧限抗压强度的影响规律时考虑了16个试验工况，RST混合土试样的配比情况详见表4－1，不再赘述。

4.1.2 RST混合土无侧限抗压强度试验方法

进行RST混合土无侧限抗压强度试验所用的仪器为YYW－2型应变控制式无侧限压力仪，如图4－1所示。该型号的无侧限压力仪主要由位移表、测力计和升降台等组成，其主要技术参数如下：

（1）最大测力：600N。

（2）土样标准尺寸：ϕ39.1mm×80mm。

（3）加载速率：2.4mm/min。

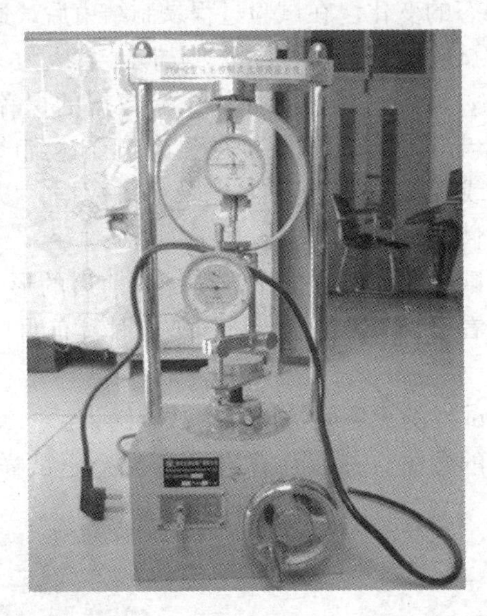

图 4－1 YYW－2 型应变控制式无侧限压力仪

在进行 RST 混合土试样的无侧限抗压强度试验时，首先将达到设计养护龄期的 RST 混合土试样从养护箱中取出，揭去标签并做好记录，用滤纸擦干试样外围的水分，并在试样两端抹一薄层凡士林。若气候较干燥，则需在 RST 混合土试样侧面也抹一薄层凡士林，以保持试样湿润，防止水分流失。然后，将准备好的 RST 混合土试样安放在无侧限压力仪底座上，并调节座台后的转换挡至手动挡位，接着转动前端手轮使底座上升到 RST 混合土试样刚好要接触加压板时为止。选用最大量程的测力计，并将测力计调到读数为零的位置。

最后，调整转换挡至自动挡位，开启电机，使无侧限压力仪底座缓慢上升，读取并记录试验过程中的数据。读数时，轴向位移计每增加 0.2mm 读取并记录一组数据。由于无侧限压力仪的应变速率为

2.4mm/min，所以，轴向位移计每变化 0.2mm 的时间恰好为 5s。于是，可采用秒表计数的方法，每隔 5s 读取并记录一次数据。在实际的实验操作过程中，考虑到实验室的客观条件，决定采用摄像机录像的方式把整个试验过程拍摄下来，录制内容包括轴向位移计、测力计的变化和试样形态的变化。在试验过程录制结束后，通过电脑视频读取所需要的瞬时试验数据。这种读数方法既节省人力又可提高试验数据读取的准确性，同时，还便于原始试验数据的保存。需要注意的是，当 RST 混合土试样的无侧限抗压强度快要达到峰值时，应变宜每增加 0.04mm 或者每隔 1s 读取并记录一次数据，以保证试验数据的完整性和连续性。

RST 混合土试样在无侧限抗压强度试验前后的形态如图 4－2 所示。从图上可以看出，RST 混合土试样破坏时具有明显的剪切面，且剪切面较粗糙。

RST 混合土试样的无侧限抗压强度试验结束后，整理出所有测力计和位移计对应的数据，然后计算出 RST 混合土试样的轴向应变和

(a)　　(b)

图 4－2　试验前后试样的形态

（a）试验前试样的形态；（b）试验后试样的形态

轴向应力。具体计算步骤如下：

（1）轴向应变。

$$\varepsilon_i = \frac{h_i - h_0}{h_0} \tag{4-1}$$

（2）面积校正。

$$A_{ai} = \frac{A_0}{1 - \varepsilon_i} \tag{4-2}$$

（3）轴向应力。

$$\sigma_i = \frac{CR_i}{A_{ai}} \times 10 \tag{4-3}$$

式中，ε_i 为试验过程中 i 时刻 RST 混合土试样的轴向应变；h_i 为试验过程中 i 时刻 RST 混合土试样的高度，cm；h_0 为 RST 混合土试样的初始高度，cm；A_0 为 RST 混合土试样的初始截面积，cm^2；A_{ai} 为试验过程中 i 时刻 RST 混合土试样的截面积，cm^2；σ_i 为试验过程中 i 时刻 RST 混合土试样的轴向应力，kPa；C 为测力计率定系数，N/0.01mm；R_i 为试验过程中 i 时刻的测力计读数，0.01mm。

以轴向应变为横坐标，以轴向应力为纵坐标，画出不同配合比条件下 RST 混合土试样的轴向应力随轴向应变的变化曲线图，并在应力－应变变化曲线图上找出最大轴向应力，以此作为 RST 混合土试样的无侧限抗压强度值。如果在应力－应变变化曲线上找不到应力峰值，则选取使轴向应变达到 15% 时的轴向应力作为 RST 混合土试样的无侧限抗压强度。

4.2　无侧限抗压强度试验的强度特性试验结果分析

4.2.1　养护龄期对 RST 混合土试样无侧限抗压强度的影响规律

养护龄期是影响 RST 混合土试样无侧限抗压强度特性的一个重要因素。为了研究养护龄期 Q 对 RST 混合土试样无侧限抗压强度的影响规律，共制备了 12 种不同配合比的 RST 混合土试样，分别对这些试样进行了无侧限抗压强度试验。这 12 种 RST 混合土试样的配比情况是：胶粒土比为 40%，灰土比分别为 5%，10% 和 15%，水土比为20%，养护龄期分别为7天、14天、21天和28天。在此配合比情况下，RST混合土试样的无侧限抗压强度实测值列于表4－2。

表4－2　不同养护龄期RST混合土试样的无侧限抗压强度实测值

(kPa)

灰土比 H/%	养护龄期 Q/d			
	7	14	21	28
5	256.1	268.3	322.9	326.5
10	568.6	642.4	706.2	766.5
15	792.2	796.4	818.7	832.3

由表4－2中所列的数据可以看出，当配合比相同时，RST混合土试样的无侧限抗压强度随养护龄期的延长而增大。为了更直观地反映不同养护龄期对RST混合土试样无侧限抗压强度的影响程度和影响规律，将表4－2中不同养护龄期时RST混合土试样的无侧限抗压强度实测值以折线图的形式绘于图4－3中。

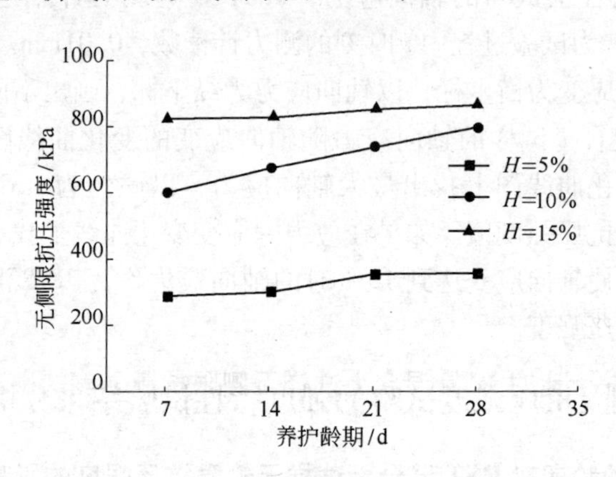

图4－3　养护龄期对RST混合土试样无侧限抗压强度的影响

由图4－3中所示的曲线可以看出，在28天以内，随着养护龄期的延长，RST混合土试样的无侧限抗压强度都有不同程度的提高。其中，当灰土比分别为5%和15%时，RST混合土试样的无侧限抗压强度增加幅度不大，从7天养护龄期到28天养护龄期，RST混合土试样的无侧限抗压强度增长量分别为70.4kPa和40.1kPa；而当灰土比为10%时，RST混合土试样的无侧限抗压强度随养护龄期的延长而显著增大，几乎呈直线增长趋势；从7天养护龄期到28天养护龄期，RST混合土试样的无侧限抗压强度增长量为197.9kPa。RST混合土试样养护到28天龄期时，灰土比为10%的RST混合土试样的无侧限抗压强度为766.5kPa，灰土比为15%的RST混合土试样的无侧限抗压强度为832.3kPa，两者仅相差65.8kPa。

当灰土比较小时，单位体积的RST混合土试样中添加的水泥量较少，在试样的养护初期，大部分水泥就已经完成水化作用，后续能够与水发生反应的水泥量十分有限，因此，RST混合土试样的无侧限抗压强度提高不大；相反，当灰土比过大时，单位体积的RST混合土试样中添加的水泥量足够多，在试样养护初期便有足量水泥完成了水化作用而且还有较多剩余，因此，RST混合土试样的无侧限抗压强度在养护初期就已经很高了，但随着养护龄期的延长，RST混合土试样的后续强度变化并不大；而当灰土比为10%时，单位体积的RST混合土试样中添加的水泥量较适中，随着养护龄期的延长，未反应完全的水泥会陆续发生水化反应，强度增长相对较快，因此，当灰土比为10%左右时，RST混合土试样的无侧限抗压强度对养护龄期相对较敏感，随着养护龄期的延长，RST混合土试样的无侧限抗压强度变化较大；而当灰土比过高或过低时，养护龄期对RST混合土试样的无侧限抗压强度的影响则相对较弱，RST混合土试样的无侧限抗压强度随养护龄期的延长变化不明显。

4.2.2 胶粒土比对RST混合土试样无侧限抗压强度的影响规律

由于RST混合土中掺加了废弃轮胎橡胶颗粒这种轻质材料，所以，RST混合土的强度特性明显不同于天然土体。研究胶粒土比对RST混合土无侧限抗压强度特性的影响规律，可以在满足强度要求的前提下，尽可能地加大废弃轮胎橡胶颗粒的掺入量，从而达到经济和环保的目的。

为了研究胶粒土比J对RST混合土试样无侧限抗压强度的影响规律，在灰土比分别为5%，8%和10%，水土比为20%，养护龄期为 14 天的情况下，胶粒土比分别选为 0，20%，40%，60% 和 80%，并按这些配比设计方案制备试样，进而对 RST 混合土试样进行无侧限抗压强度试验，所得到的不同胶粒土比条件下 RST 混合土试样无侧限抗压强度的实测值列于表 4 - 3。

表 4 - 3 不同胶粒土比 RST 混合土试样的无侧限抗压强度实测值

(kPa)

灰土比 H/%	胶粒土比 J/%				
	0	20	40	60	80
5	380. 2	311. 8	268. 3	191. 1	164. 5
8	839. 6	681. 9	409. 7	263. 9	183. 2
10	1005. 7	831. 7	642. 4	350. 9	201. 2

从表 4 - 3 中所列的数据可以看出，不同胶粒土比条件下 RST 混合土试样的无侧限抗压强度实测值差值较大。为了更加直观清晰地反映胶粒土比对 RST 混合土试样无侧限抗压强度的影响程度和影响规律，将表 4 - 3 中所列的 RST 混合土试样的无侧限抗压强度实测值以折线图的形式绘于图 4 - 4 中。

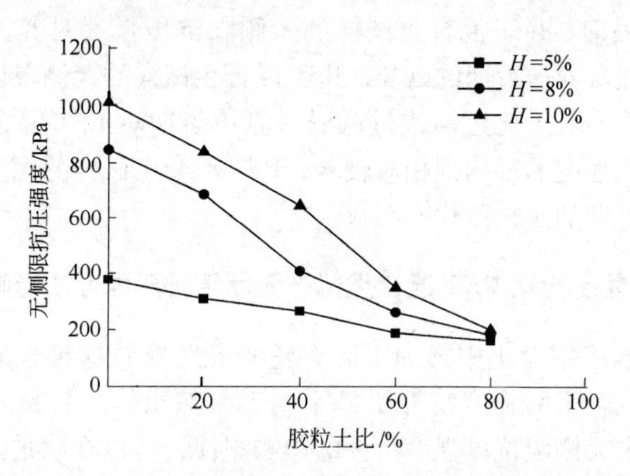

图 4 - 4 胶粒土比对 RST 混合土试样无侧限抗压强度的影响

由图 4 - 4 所示的曲线可以看出，当胶粒土比从 0 增大到 80% 时，不同灰土比的 RST 混合土试样的无侧限抗压强度均显著降低。

当灰土比为10%时，胶粒土比从40%增大到80%的过程中，RST混合土试样的无侧限抗压强度下降速度加快，这是因为，当胶粒土比大于40%以后，试样中橡胶颗粒间的摩擦作用范围大于水泥的胶结作用范围，但橡胶颗粒间的摩擦咬合力远远低于水泥水化所产生的胶结力，因此，随着胶粒土比的增大，同一灰土比时试样中的水化胶结力在整个试样力的构成体系中所占的比例不断降低，作用范围也不断减小，从而使RST混合土试样的无侧限抗压强度快速下降。同理，当灰土比降低到8%，胶粒土比超过20%时，废弃轮胎橡胶颗粒间的摩擦作用范围便超过了水泥的胶结作用范围，废弃轮胎橡胶颗粒间的摩擦咬合力开始起主导作用；当灰土比为5%时，胶粒土比从0增大到80%的过程中，废弃轮胎橡胶颗粒间的摩擦咬合力起主要作用，RST混合土试样的无侧限抗压强度曲线近似为平滑的直线。

试验研究结果表明，RST混合土试样的无侧限抗压强度随胶粒土比的增大而逐渐降低，同时，灰土比对RST混合土试样的这种变化趋势有显著的影响。在某个特定的灰土比条件下，当胶粒土比持续增大时，RST混合土试样的无侧限抗压强度会在某个具体的胶粒土比值上发生骤降，而灰土比的值越低，发生强度突变的起始胶粒土比就越小；当灰土比低于5%时，在某种程度上可以认为，在胶粒土比为零时，RST混合土试样的无侧限抗压强度就已经发生了骤降。

由图4－4中所示的曲线还可以看出，随着胶粒土比的增大，不同灰土比时的RST混合土试样的无侧限抗压强度之间的差值有逐渐减小的趋势。当胶粒土比达到80%时，灰土比分别为5%，8%和10%的RST混合土试样的无侧限抗压强度基本一致，其值分别为164.5kPa，183.2kPa和201.2kPa。胶粒土比大于80%以后，灰土比对RST混合土试样无侧限抗压强度的影响较小。

4.2.3　灰土比对RST混合土试样无侧限抗压强度的影响规律

灰土比也是影响RST混合土无侧限抗压强度的一个重要因素，灰土比的大小还直接关系着RST混合土在今后工程应用中的实用性和经济性。为了研究灰土比H对RST混合土无侧限抗压强度的影响规律，共制备了16种不同配合比的试样，并分别对这些试样进行了无侧限抗压强度试验。这16种RST混合土试样的配比情况是：在养护龄期为14天，水土比分别为20%和25%，胶粒土比分别为40%和60%的情况下，灰土比分别选为5%，8%，10%和15%。在这些配合比情况下，不同灰土比的RST混合土试样的无侧限抗压强度实测值列于表4-4。

表4-4　不同灰土比RST混合土试样的无侧限抗压强度实测值

(kPa)

胶粒土比 J/%	水土比 S/%	灰土比 H/%			
		5	8	10	15
40	20	268.3	409.7	642.4	796.4
	25	239.9	424.3	672.6	839.1
60	20	191.1	263.9	350.9	475.4
	25	176.5	331.6	540.6	708.4

从表4-4中所列的数据可以看出，虽然RST混合土试样中固化剂水泥的掺量较少，变化范围也较小，但灰土比对RST混合土试样的无侧限抗压强度的影响却很大，随着灰土比的增大，RST混合土试样的无侧限抗压强度均有不同程度的提高。为了能够直观地反映灰土比对RST混合土试样无侧限抗压强度的影响程度和影响规律，将表4-4中所列的无侧限抗压强度实测值以折线图的形式绘于图4-5中。

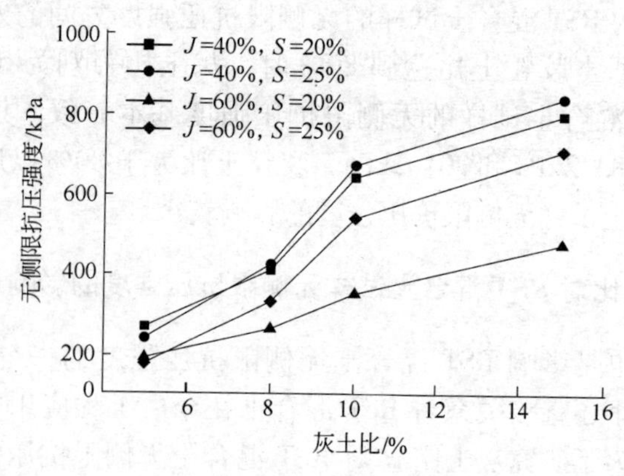

图4-5　灰土比对RST混合土试样无侧限抗压强度的影响

图4-5中所示的曲线表明，随着灰土比的增大，RST混合土试样的无侧限抗压强度不断增大。当灰土比在5%~8%和10%~15%范围内变化时，RST混合土试样无侧限抗压强度的增长速度相对较缓慢；而当灰土比在8%~10%范围内变化时，RST混合土试样无侧限抗压强度的增长速度则相对更快。

当灰土比过小（$H=5\%$）时，水泥水化反应所能提供的胶结力较小，作用范围也较有限，所以，不同配合比条件下RST混合土试样的无侧限抗压强度相差不大；当灰土比从5%变化到8%时，灰土比仅增大了3%，变化范围较小，相同配合比的RST混合土试样的无侧限抗压强度随着灰土比的增大而增大的速度相对缓慢；当灰土比过高（$H=15\%$）时，水泥容易发生水化反应不完全的情况而产生过量剩余，因此，当灰土比从10%增大到15%时，相同配合比的RST混合土试样的无侧限抗压强度随着灰土比的增大而增大的幅度也相对较缓慢；而当灰土比在8%~10%的范围内增大时，虽然灰土比的变化范围也较小，但由于水泥的水化反应相对完全，水化胶结力的作用强度和作用范围均相对较大，因此，RST混合土试样的无侧限抗压强度随着灰土比的增大显著增大。

4.2.4 水土比对RST混合土试样无侧限抗压强度的影响规律

水土比是决定RST混合土试样成型质量的一个重要因素。如果水土比较低，则制备RST混合土试样的原材料混合物较松散，不易拌和均匀，试样成型困难，成型试样也比较容易碎散破坏；如果水土比较高，则RST混合土试样的流动性较强，养护后的RST混合土试样体积会变小，表面孔洞较多，强度偏低，因此，很有必要研究水土比对RST混合土试样无侧限抗压强度的影响规律，并以此为依据确定最优水土比。

为了研究水土比S对RST混合土试样无侧限抗压强度的影响规律，共制备了12种不同配合比的试样，并分别对这些试样进行了无侧限抗压强度试验。这12种RST混合土试样的配比情况是：在胶粒土比分别为40%和60%，灰土比分别为10%和15%，养护龄期为14天的情况下，水土比分别取为20%，25%和30%。在此配合比情况下，不同水土比时 RST 混合土试样的无侧限抗压强度实测值列于表 4－5，并将表 4－5 中 RST 混合土试样的无侧限抗压强度实测值以折线图的形式绘于图 4－6 中。

表 4－5　不同水土比 RST 混合土试样的无侧限抗压强度实测值

(kPa)

胶粒土比 J/%	灰土比 H/%	水土比 S/%		
		20	25	30
40	10	642.4	672.6	503.4
	15	796.4	839.1	740.4
60	10	350.9	540.6	452.0
	15	475.4	708.4	661.1

图 4－6 所示的曲线表明，在胶粒土比和灰土比一定的情况下，当水土比从 20% 增大到 25% 时，RST 混合土试样的无侧限抗压强度随水土比的增大而增大；而当水土比从 25% 增大到 30% 时，RST 混合土试样的无侧限抗压强度随水土比的增大而减小，这说明 RST 混合土试样的无侧限抗压强度对应的最优水土比约为 25%，高于或低于这个数值，RST 混合土试样的无侧限抗压强度都会有不同程度的减小。

由图 4－6 所示的曲线还可以看出，对应胶粒土比为 40%、灰土

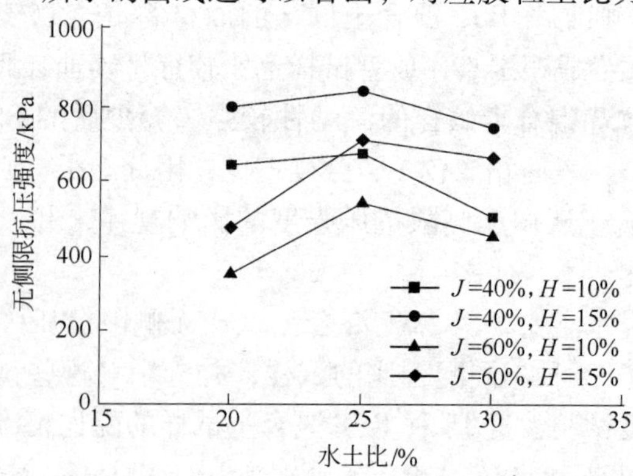

图 4－6　水土比对 RST 混合土试样无侧限抗压强度的影响

比为10%的曲线与对应胶粒土比为60%、灰土比为15%的曲线之间存在一个交叉点，该点的水土比约为24%，这说明可以通过调节水土比的方法使低胶粒土比、低灰土比的RST混合土试样与高胶粒土比、高灰土比的RST混合土试样的无侧限抗压强度一致，因此，在实际工程中可以通过成本计算来合理地选择原材料的配比方案。

4.3 无侧限抗压强度试验的变形特性试验结果分析

利用无侧限抗压强度试验，还对RST混合土试样的变形特性进行了研究，并进行了影响因素分析，重点分析了养护龄期、胶粒土比、灰土比和水土比对RST混合土试样的应力-应变关系曲线的影响规律。为了能够详细完整地反映RST混合土试样的应力-应变关系曲线在达到应力峰值之后的变化情况，测读和记录试验数据时，一直记录到RST混合土试样发生破坏为止，也就是一直记录到YYW-2型应变控制式无侧限压力仪不能继续读数为止。

4.3.1 养护龄期对RST混合土试样应力-应变关系曲线的影响规律

为了研究养护龄期Q对RST混合土试样应力-应变关系曲线的影响规律，共制备了12种不同配合比的RST混合土试样，并分别对这些试样进行了无侧限抗压强度试验。这12种试样的配比情况是：在胶粒土比为40%，灰土比分别为5%，10%和15%，水土比为20%的情况下，养护龄期分别取为7天、14天、21天和28天。在这些配比情况下，RST混合土试样的应力-应变关系曲线随养护龄期的变化规律分别如图4-7~图4-9所示。

由图4-7~图4-9所示的曲线可以看出，当胶粒土比、灰土比和水土比一定时，随着养护龄期的延长，RST混合土试样峰值后应力的下降速率加快，RST混合土试样的应力-应变关系曲线的软化特征越来越明显。这种现象的产生与水泥的水化反应程度有很大关系，因为水泥水化产生的胶结结构的破坏属于脆性破坏，轴向应力达到峰值之后再经过很小的应变，胶结结构就会发生破坏，从而加快了轴向应力衰减的速度。当RST混合土试样的养护龄期较短时，水泥的水化反应尚未完成，所产生的胶结结构的数量较少，对RST混合土试样

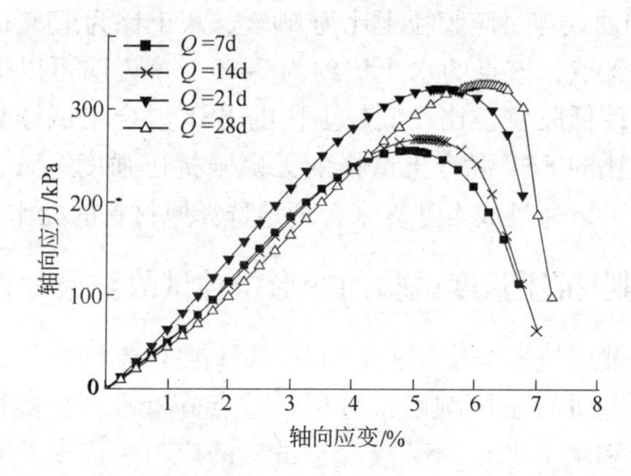

图4-7 养护龄期对RST混合土试样应力-应变关系曲线的影响（$J=40\%$，$H=5\%$，$S=20\%$）

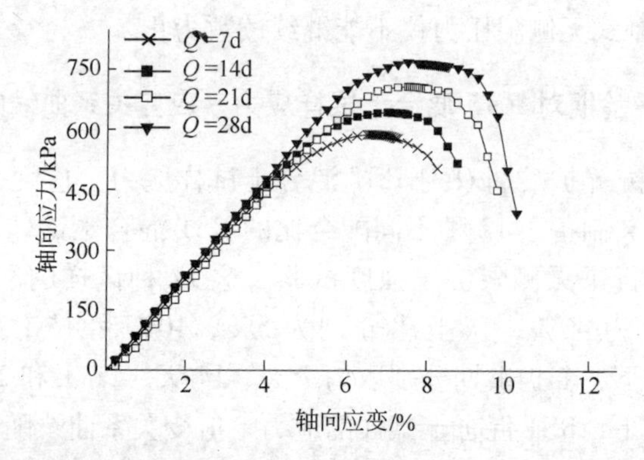

图4-8 养护龄期对RST混合土试样应力-应变关系曲线的影响（$J=40\%$，$H=10\%$，$S=20\%$）

的无侧限抗压强度起主要作用的是废弃轮胎橡胶颗粒间产生的摩擦作用和咬合作用，水泥的水化胶结力对RST混合土试样强度的贡献较小，也就是说，在养护龄期较短的RST混合土试样中，废弃轮胎橡胶颗粒对轴向应力的作用效果远远大于水泥对轴向应力的作用效果。当RST混合土试样的轴向应力达到峰值后，废弃轮胎橡胶颗粒间产生的阻力能够很好地抑制由胶结结构破坏导致的轴向应力的衰退，从

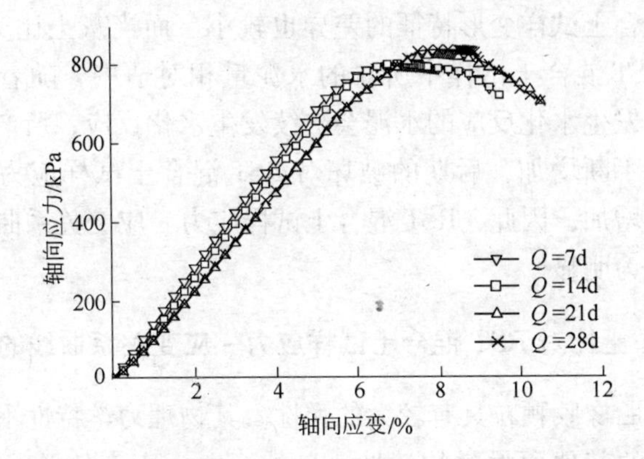

图 4 – 9　养护龄期对 RST 混合土试样应力 – 应变关系曲线的影响（$J=40\%$，$H=15\%$，$S=20\%$）

而导致 RST 混合土试样的峰值后应力下降速率缓慢；当试样的养护龄期较长时，水泥的水化反应较为充分，所产生的胶结结构较多，对 RST 混合土试样无侧限抗压强度的影响较大，水泥对 RST 混合土试样强度的作用效果要比废弃轮胎橡胶颗粒的作用效果明显，所以，当 RST 混合土试样的轴向应力达到峰值之后，由胶结结构破坏导致的应力衰减已经不能由废弃轮胎橡胶颗粒间所产生的阻力作用来抵消，因此，RST 混合土试样的峰值后应力下降速率较快。

由图 4 – 7 ~ 图 4 – 9 所示的曲线还可以看出，当灰土比为 10% 时，养护龄期对 RST 混合土试样的应力 – 应变关系曲线的软化特征影响最为明显。这主要是因为，当灰土比为 5% 时，单位体积的 RST 混合土试样中水泥的添加量较少，在试样养护初期，大部分水泥已经完成水化反应，后续能够与水发生反应的水泥量十分有限，因此，随着养护龄期的增长，水泥水化反应所产生的胶结结构的数量变化不大，水化胶结力也基本不变，此时，灰土比对 RST 混合土试样应力下降的影响程度大致相同，RST 混合土试样应力 – 应变关系曲线的软化特征的差异较小。当灰土比为 15% 时，单位体积的 RST 混合土试样中水泥的含量相对较大，在 RST 混合土试样的养护初期便有足量的水泥完成水化反应且还有过量剩余，随着养护龄期的增长，水泥的水化反应几乎已经停止，所产生的胶结结构的数量也基本不变，此时，RST混合土试样变形特征的差异也较小。而当灰土比为10%时，单位体积RST混合土试样中所含的水泥量相对适中，随着养护龄期的延长，未发生水化反应的水泥会陆续发生水化反应，所产生的胶结结构的数量不断增加，后期的破坏对RST混合土试样应力下降的影响程度不断增加，因此，RST混合土试样应力－应变关系曲线软化特征的差异较为明显。

4.3.2　胶粒土比对RST混合土试样应力－应变关系曲线的影响规律

废弃轮胎橡胶颗粒具有较大的弹性，其物理力学特性不同于制备RST混合土的其他原材料的特性，另外，由于废弃轮胎橡胶颗粒在RST混合土中的掺量较多，变化范围较大，因此，对RST混合土试样应力－应变关系曲线的影响也较大。

为了研究胶粒土比 J 对RST混合土试样应力－应变关系曲线的影响规律，共制备了15种不同配合比的RST混合土试样，并对这些试样分别进行了无侧限抗压强度试验。这15种试样的配比情况是：灰土比分别为5%，8%和10%，水土比为20%，养护龄期为14天，胶粒土比分别取为0，20%，40%，60%和80%。在这些配合比情况下，RST混合土试样的应力－应变关系曲线随胶粒土比的变化规律分别如图4－10～图4－12所示。

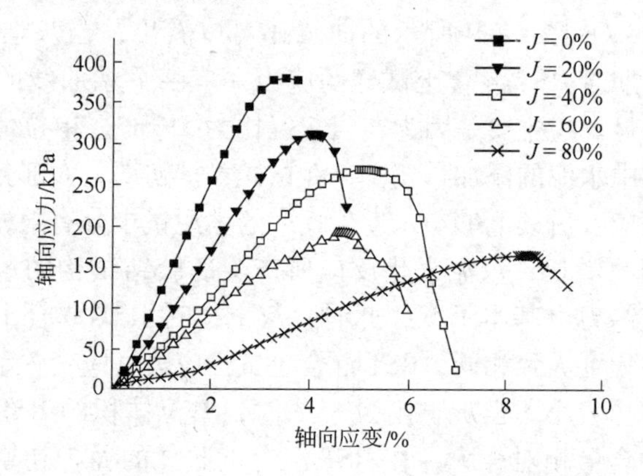

图4－10　胶粒土比对RST混合土试样应力－应变关系曲线的影响（$H=5\%$，$S=20\%$，$Q=14$d）

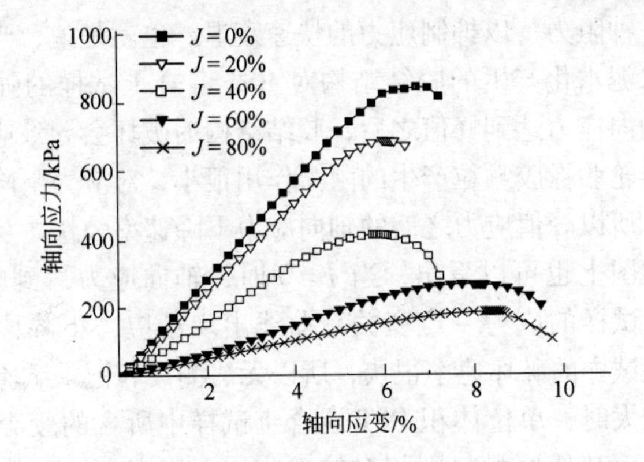

图 4-11 胶粒土比对 RST 混合土试样应力-应变关系曲线的影响（$H=8\%$，$S=20\%$，$Q=14$d）

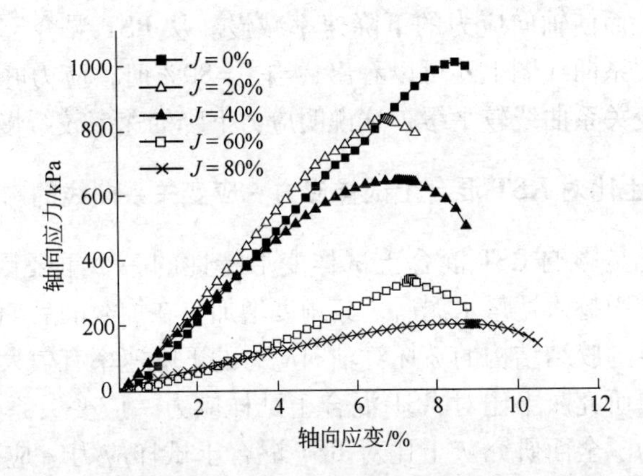

图 4-12 胶粒土比对 RST 混合土试样应力-应变关系曲线的影响（$H=10\%$，$S=20\%$，$Q=14$d）

由图 4-10～图 4-12 所示的曲线可以看出，当灰土比、水土比和养护龄期一定时，随着胶粒土比的增大，RST 混合土试样峰值后应力的下降速率减慢，RST 混合土试样应力-应变关系曲线的软化程度越来越小。这主要是因为，废弃轮胎橡胶颗粒的形状不规则，棱角多，与接触到的其他原材料以及废弃轮胎橡胶颗粒之间均会产生摩擦作用和咬合作用，在轴向应力达到峰值之后，这种摩擦作用和咬合作用会形成一种阻力，以抑制应力的快速衰退。也就是说，当胶粒土比较小时，水泥水化产生的胶结结构对RST混合土试样的强度起主导作用，在轴向应力达到峰值之后，胶结结构的破坏会导致应力快速衰退，而废弃轮胎橡胶颗粒产生的阻力作用很小，对应力下降的抑制作用也很小，所以峰值应力之后的轴向应力下降速率较快。从应力-应变关系曲线图上也可以看出，当 $J=0$ 时，轴向应力达到峰值之后，RST混合土试样的应力-应变关系曲线出现了应力下降段，但由于RST混合土试样的破坏速率很快，所以无法测读和记录试验数据。当胶粒土比较大时，单位体积RST混合土试样中所含的废弃轮胎橡胶颗粒较多，而其他原材料则相对较少，从而使废弃轮胎橡胶颗粒对RST混合土试样强度的影响较明显。当应力达到峰值之后，废弃轮胎橡胶颗粒间的阻力作用能够较好地抑制由于胶结结构破坏所导致的应力衰退，从而使轴向应力的下降速率减慢。从RST混合土试样的应力-应变关系曲线图上还可以看出，当 $J=80\%$ 时，应力峰值之后的应力-应变关系曲线较平缓，这说明应力下降的速率较缓慢。

4.3.3 灰土比对RST混合土试样应力-应变关系曲线的影响规律

灰土比是影响RST混合土试样变形特性的一个重要因素，RST混合土试样中掺入适量水泥后，其刚度增加，在加载的后期，水泥水化反应产生的胶结结构的破坏对轴向应力的下降速率有较大影响，因此，有必要研究灰土比对RST混合土试样应力-应变关系曲线的影响规律。为了全面研究灰土比对RST混合土试样应力-应变关系曲线的影响规律，共制备了12种不同配合比的试样，并分别对这些试样进行了无侧限抗压强度试验。这12种RST混合土试样的配比情况是：在养护龄期为14天，水土比分别为20%和25%，胶粒土比分别为40%和60%的情况下，灰土比分别选为5%，10%和15%。在这些配合比情况下，RST混合土试样的应力-应变关系曲线随灰土比的变化规律分别如图4-13~图4-16所示。

由图4-13~图4-16所示的曲线可以看出，当胶粒土比、水土比和养护龄期一定时，随着灰土比的增大，RST混合土试样峰值后应力的下降速率明显加快，其应力-应变关系曲线的软化特性越来越

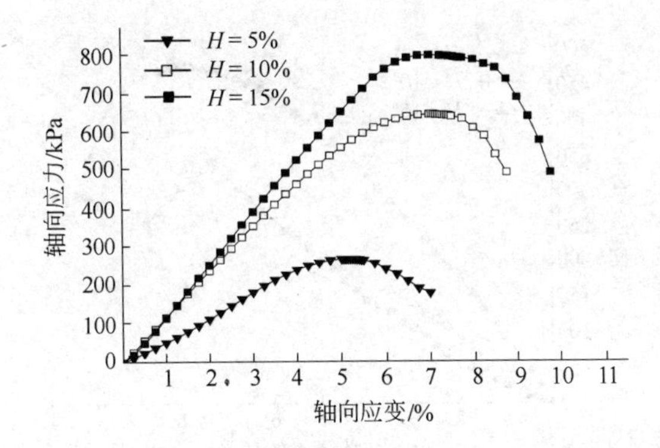

图 4-13　灰土比对 RST 混合土试样应力-应变关系曲线的影响（$J=40\%$，$S=20\%$，$Q=14\text{d}$）

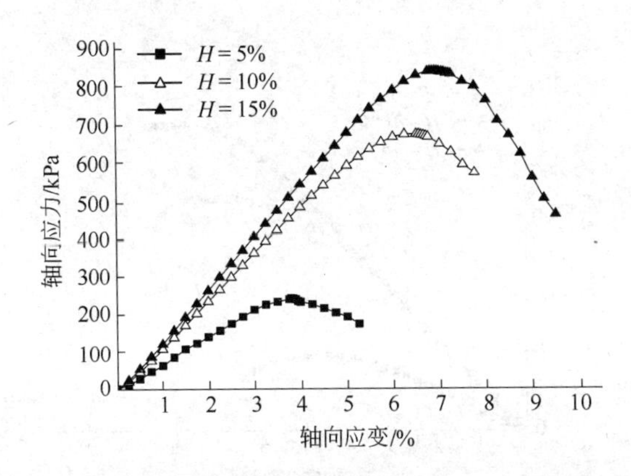

图 4-14　灰土比对 RST 混合土试样应力-应变关系曲线的影响（$J=40\%$，$S=25\%$，$Q=14\text{d}$）

明显。

产生以上这些现象的主要原因是水泥的水化反应。水泥水化反应产生的胶结结构的破坏属于脆性破坏，在 RST 混合土试样的轴向应力达到峰值之后，再经过很小的应变，RST 混合土试样就会发生破坏。也就是说，当灰土比较小时，水泥水化反应产生的胶结结构较少，水化胶结力较小，这时水泥对 RST 混合土试样强度的作用效果不明显，在应力达到峰值之后，废弃轮胎橡胶颗粒产生的阻力作用能

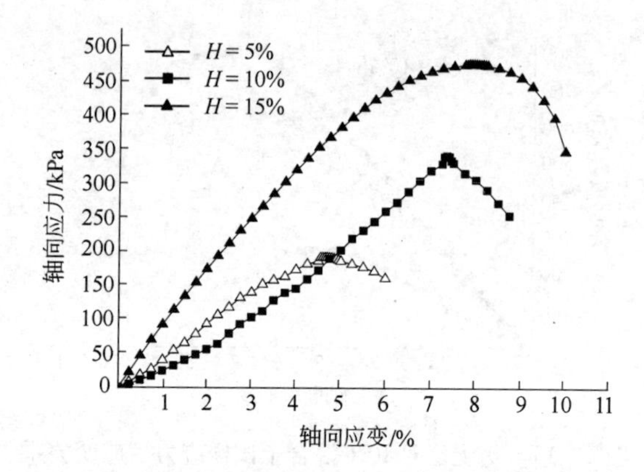

图4-15 灰土比对RST混合土试样应力-应变关系曲线的影响（$J=60\%$，$S=20\%$，$Q=14$d）

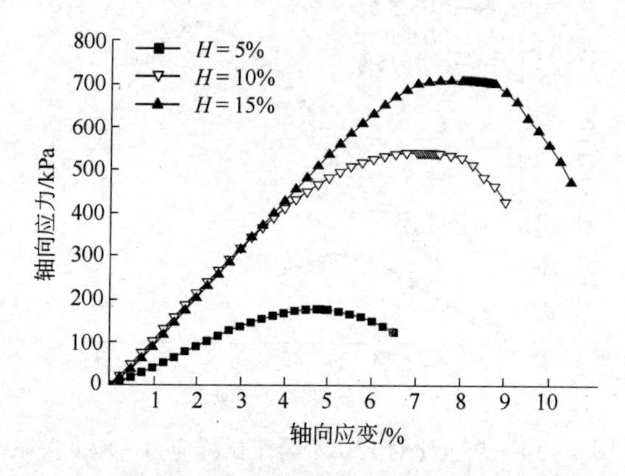

图4-16 灰土比对RST混合土试样应力-应变关系曲线的影响（$J=60\%$，$S=25\%$，$Q=14$d）

够消除由于胶结结构破坏对应力下降产生的大部分影响，因此RST混合土试样峰值后应力的下降速率较小；而当灰土比较大时，单位体积的RST混合土试样中水泥的含量增加，其他原材料所占的比例相应减小，水泥水化反应产生的胶结结构增多，水化胶结力逐渐增大，水泥对RST混合土试样强度的作用效果超过了废弃轮胎橡胶颗粒间的作用，在应力达到峰值之后，废弃轮胎橡胶颗粒产生的阻力已经不能消除胶结结构破坏对 RST 混合土试样应力下降的影响，因此，RST 混合土试样的峰值后应力出现了明显的下降段，应力下降速率也有所增大。

4.3.4 水土比对 RST 混合土试样应力－应变关系曲线的影响规律

水土比也是影响 RST 混合土试样应力－应变关系曲线的一个重要因素，通过研究确定 RST 混合土试样的“最优水土比”，不仅可以提高 RST 混合土试样的强度，还可以节省材料，提高试样成型的质量。研究水土比 S 对 RST 混合土试样无侧限抗压强度的影响规律时，共制备了 12 种不同配合比的试样，并分别对这些试样进行了无侧限抗压强度试验。这 12 种试样的配合比情况是：胶粒土比分别为 40% 和 60%，灰土比分别为 10% 和 15%，养护龄期为 14 天，水土比分别为 20%，25% 和 30%。在这些配合比情况下，RST 混合土试样的应力－应变关系曲线随水土比的变化关系分别如图 4－17 ~ 图 4－20 所示。

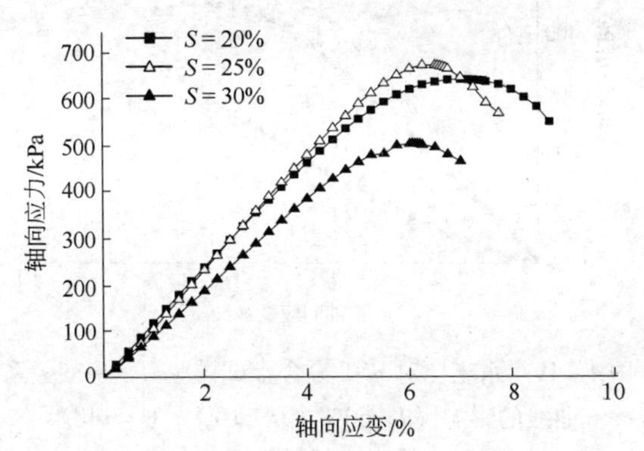

图 4－17 水土比对 RST 混合土试样应力－应变关系曲线的影响（$J = 40\%$，$H = 10\%$，$Q = 14d$）

由图 4－17 ~ 图 4－20 所示的曲线可以看出，当胶粒土比、灰土比和养护龄期一定，且水土比为 25% 时，RST 混合土试样峰值后应力的下降速率最快，RST 混合土试样应力－应变关系曲线的软化特性也最明显，水土比为 20% 和 30% 的 RST 混合土试样次之。

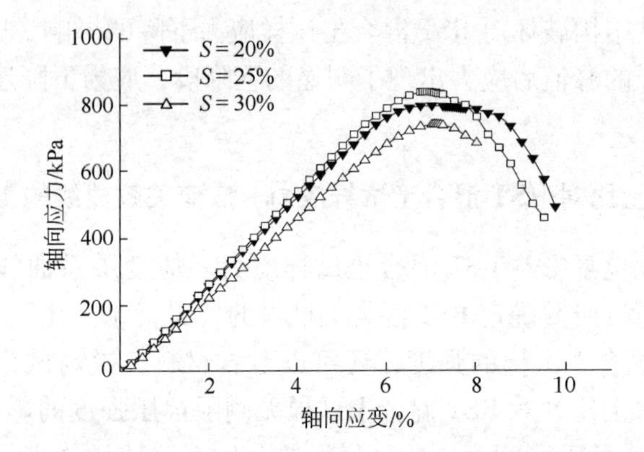

图4-18 水土比对RST混合土试样应力-应变关系曲线的影响（$J=40\%$，$H=15\%$，$Q=14$d）

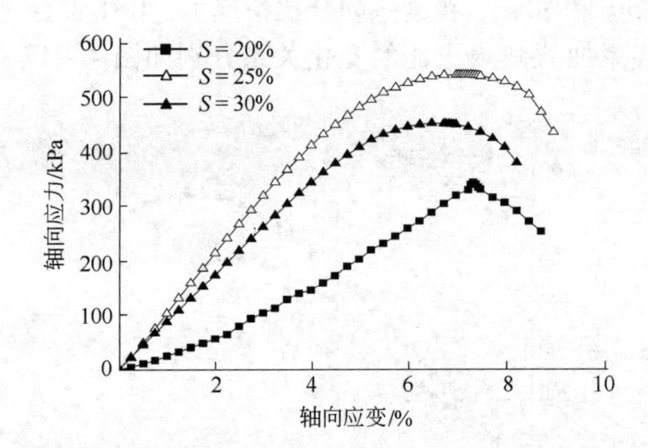

图4-19 水土比对RST混合土试样应力-应变关系曲线的影响（$J=60\%$，$H=10\%$，$Q=14$d）

引起这种现象的主要原因是水泥的水化反应。在胶粒土比、灰土比和养护龄期一定的情况下，当水土比为25%时，水泥的水化反应最充分，所产生的胶结结构的数量最多，水化胶结力也最大，此时，RST混合土试样的无侧限抗压强度较大。当RST混合土试样的轴向应力达到峰值之后，胶结结构发生破坏，应力出现快速下降趋势。虽然水土比为30%的RST混合土试样中也有足量的水泥发生了水化反

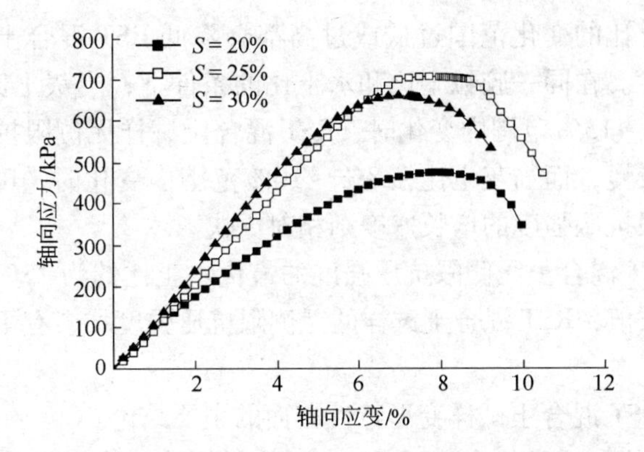

图 4-20 水土比对 RST 混合土试样应力-应变关系曲线的影响（$J=60\%$，$H=15\%$，$Q=14$d）

应，但由于试样表面的孔洞较多，成型试样较软，从而降低了 RST 混合土试样的强度，也削弱了水泥对 RST 混合土试样强度的影响，进而减小了峰值后应力的下降速度。

4.4 小结

本章通过无侧限抗压强度试验对 RST 混合土试样的强度特性和变形特性进行了全面研究，重点分析了养护龄期、胶粒土比、灰土比和水土比对 RST 混合土试样无侧限抗压强度特性和应力-应变关系曲线的影响规律，得到的主要结论如下：

（1）RST 混合土试样无侧限抗压强度特性方面的主要结论。

1）在 28 天养护龄期内，RST 混合土试样的无侧限抗压强度随养护龄期的延长而增大。灰土比为 10% 左右时 RST 混合土试样的强度对养护龄期相对较敏感，无侧限抗压强度的变化幅度相对也较大；当灰土比过低或者过高时，RST 混合土试样的无侧限抗压强度受养护龄期的影响不是特别明显，无侧限抗压强度的变化相对较缓慢。

2）RST 混合土试样的无侧限抗压强度随胶粒土比的增大都显著降低，胶粒土比对 RST 混合土试样的无侧限抗压强度的影响十分明显。

3）RST 混合土试样的无侧限抗压强度随着灰土比的增大而显著

增大。灰土比的变化范围过低或过高都会降低RST混合土试样强度的增长速度。在同一胶粒土比和水土比的条件下，当灰土比在5%~8%和10%~15%范围内变化时，RST混合土试样无侧限抗压强度的增长速度较慢；而当灰土比在8%~10%范围内变化时，RST混合土试样无侧限抗压强度的增长速度则相对更快。

4）RST混合土无侧限抗压强度的最优水土比约为25%，低于或高于这个数值，RST混合土试样的无侧限抗压强度均会有不同程度的下降。

（2）RST混合土试样变形特性方面的主要结论。

1）当胶粒土比、灰土比和水土比一定时，随着养护龄期的延长，RST混合土试样峰值后应力的下降速率加快，RST混合土试样应力-应变关系曲线的软化特征越来越明显。当灰土比为10%时，养护龄期对RST混合土试样应力-应变关系曲线软化特征的影响最明显。

2）当灰土比、水土比和养护龄期一定时，随着胶粒土比的增大，RST混合土试样峰值后应力的下降速率减慢，RST混合土试样应力-应变关系曲线的软化程度越来越小。

3）当胶粒土比、水土比和养护龄期一定时，随着灰土比的增加，RST混合土试样峰值后应力的下降速率加快，RST混合土试样应力-应变关系曲线的软化特征越来越明显。

4）当胶粒土比、灰土比和养护龄期一定，水土比为25%时，RST混合土试样峰值后应力的下降速率最快，RST混合土试样应力-应变关系曲线的软化特征最明显。

第5章　RST混合土三轴固结不排水剪切试验研究

三轴压缩试验是测定土的抗剪强度的一种较为完善的试验方法，该方法能够较为严格地控制排水条件，而且土试样中的应力状态比较明确，破裂面一般发生在土试样的最弱处。另外，该试验还可以测定土的其他力学特性。因此，三轴压缩试验是研究土的力学特性的一种不可缺少的试验方法。按剪切前受到周围压力的固结状态和剪切时的排水条件，三轴压缩试验可分为三种试验方法，即不固结不排水三轴试验、固结不排水三轴试验和固结排水三轴试验。

RST混合土是一种新型的土工材料，为了全面分析RST混合土的工程力学特性，采用三轴固结不排水剪切试验研究其强度特性和变形特性。所谓三轴固结不排水剪切试验，即CU试验，就是土试样在施加围压的同时打开排水阀门，试样在围压的作用下持续排水固结，待固结稳定后关闭排水阀门，然后施加竖向荷载，并维持围压的存在，使试样在不排水的条件下剪切破坏。

由于RST混合土是由废弃轮胎橡胶颗粒、原料土、水泥和水等多种原材料按一定配合比制备而成的，而且每种原材料的特性及其配合比都会对RST混合土的强度特性和变形特性产生不同的影响，因此，利用三轴固结不排水剪切试验分别对不同配合比的RST混合土试样开展了试验研究，探讨了不同配合比的RST混合土试样的强度特性和变形特性，并进行了影响因素分析，得到了胶粒土比、灰土比、水土比和围压等对RST混合土三轴固结不排水抗剪强度和应力-应变关系曲线的影响规律，确定了RST混合土试样的抗剪强度指标，从而为RST混合土的实际工程应用奠定了理论基础。

5.1 RST 混合土三轴固结不排水剪切试验的配比设计方案与试验方法

5.1.1 三轴固结不排水剪切试验的配比设计方案

在制备 RST 混合土试样时，以砂土作为原料土，并在砂土中掺入了松散的废弃轮胎橡胶颗粒，试样成型比较困难，但由于在试样中添加了水泥作为固化剂，水泥经水化反应后可提供较大的胶结作用力，因此，RST 混合土试样具有一定的抗剪强度。为了防止试验系统出现量程不足的情况，可适当降低三轴压缩试验时围压的最大值、最小值（一般三轴固结不排水剪切试验的围压最小值为 100kPa，最大值为 400kPa）以及变化范围（一般每级变化 100kPa），并缩短养护龄期的设计标准（一般为 28 大），同时，还对 RST 混合土试样配合比中的灰土比做了适当调整，将灰土比的最大值定为 13%，防止因 RST 混合土试样的抗剪强度过大而损坏三轴压缩仪。

为了全面研究 RST 混合土的强度特性和变形特性，根据 RST 混合土试样三轴固结不排水剪切试验的特点和室内土工试验的实际情况，确定三轴压缩试验时的围压分别取为 50kPa，100kPa，150kPa 和 200kPa，养护龄期取为 14 天，胶粒土比分别取为 20%，40%，60% 和 80%，以 40% 为主，灰土比分别取为 5%，8%，10% 和 13%，以 10% 为主，水土比分别取为 15%，20%，25% 和 30%，以 20% 为主。确定的 RST 混合土试样的三轴固结不排水剪切试验方案列于表 5 - 1。

表 5 - 1 RST 混合土试样三轴固结不排水剪切试验方案

配合比	胶粒土比 J 的影响	灰土比 H 的影响	水土比 S 的影响	围压 σ 的影响
养护龄期 Q/d	14	14	14	14
胶粒土比 J/%	20,40,60,80	40	40	20,60,80
灰土比 H/%	10	5,8,10,13	10	10
水土比 S/%	20	20	15,20,25,30	20
围压 σ/kPa	50,100,150,200	50,100,150,200	50,100,150,200	50,100,150,200

由表 5 – 1 中所列的试验方案可以看出，为了分析胶粒土比 J 对 RST 混合土试样工程特性的影响规律，在灰土比 H 为 10%，水土比 S 为 20%，养护龄期 Q 为 14 天，围压 σ 分别为 50kPa，100kPa，150kPa 和 200kPa 的情况下，胶粒土比 J 分别取为 20%，40%，60% 和 80%，共计 16 种试验工况。依此类推，研究灰土比 H 和水土比 S 对 RST 混合土试样工程特性的影响规律时，也分别制定了 16 种试验工况；而在分析围压 σ 对 RST 混合土试样工程特性的影响规律时，制定了 12 种试验工况，详见表 5 – 1。

另外，为了保证试验结果的可靠性，对于每种试验方案，均做 3 组同样的平行试验，在试验数据无较大误差的情况下，取 3 组试验结果的算术平均值作为该试验方案的最终试验结果。

5.1.2 三轴固结不排水剪切试验的试验条件

开展三轴固结不排水剪切试验所用的试验仪器为 TSZ – 3 型应变控制式三轴压缩仪，如图 5 – 1 所示。

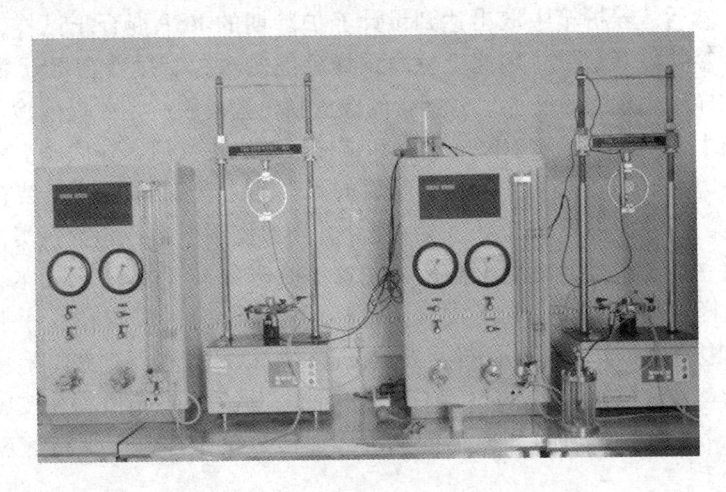

图 5 – 1 TSZ – 3 型应变控制式三轴压缩仪

TSZ – 3 型应变控制式三轴压缩仪主要由压力室、轴向加荷系统、周围压力施加系统、孔隙水压力量测系统等几部分组成，集机械技术、电子技术、自动控制技术、传感器自动检测技术及计算机技术于一体，一机多用。基本配置的三轴压缩仪可进行常规无侧限试验、UU试验、CU试验和CD试验等压缩剪切试验。

TSZ－3型应变控制式三轴压缩仪的主要技术参数如下：

（1）底座凸台尺寸：ϕ39.1mm×80mm。

（2）荷载标准：10kN，30kN和60kN。

（3）应变速率设定范围：0.0001～4.8mm/min，无级调速。

（4）工作台调整范围：0～90mm。

（5）围压设定范围：0～2MPa。

（6）反压设定范围：0～0.8MPa。

（7）体积变化范围：0～50mL，最小分度0.1mL。

5.1.3 三轴固结不排水剪切试验的试验方法

在进行RST混合土试样的三轴固结不排水剪切试验时，首先要把三轴试验测量控制仪调整到位，包括电脑处理系统和围压控制系统等。然后从养护箱中取出达到设计养护龄期的RST混合土试样，揭去标签并做好记录，用滤纸擦净试样外围的水分。接着在RST混合土试样外用承膜筒套上尺寸配套的橡皮膜，橡皮膜一定要提前检查是否漏水，同时，给压力室的底座和试样帽充水排气后，在底座上依次放好透水石和浸湿的滤纸。套膜后的RST混合土试样需要安装在底座上，而且橡皮膜下端要套入底座，并用橡皮圈把两者套紧扎实，进行这一步操作时要特别小心，并注意不能碰到RST混合土试样，以免试样破损，尤其是RST混合土试样的边缘部分。放置在底座上的RST混合土试样的顶部同样需要放浸湿的滤纸和透水石，并将橡皮膜上端套入试样帽，使试样帽顶在透水石上，然后用橡皮圈将橡皮膜和试样帽扎紧，最后将底座上的流水和泥沙擦拭干净，以保持底座的整洁。

RST混合土试样安装完毕后，将压力室罩安装固定在底座上，罩底的三颗螺丝需要拧紧，以防止往压力室注水时接触面发生漏水现象。将注水杯放置在高于底座100cm处，打开注水阀并开始向压力室加水，待压力室罩顶端的排气孔开始溢水时关闭注水阀，拧紧排气孔，并把溢出的水擦干净。然后按下试验机的上升按钮，使底座上升，当压力室罩顶端活塞快要接触到钢环时，关闭上升按钮。

由于 TSZ－3 型应变控制式三轴压缩仪集机械技术、电子技术、自动控制技术、传感器自动检测技术及计算机技术于一体，所以各种复杂的调节操作均由计算机程序控制完成，只需要在电脑软件上设置好需要的试验参数即可。相关的参数设置如图 5－2 所示。

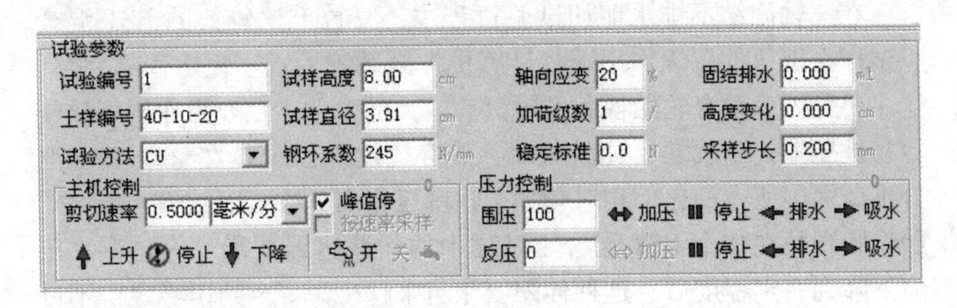

图 5－2 RST 混合土试样三轴固结不排水试验参数

三轴压缩试验的参数设置完毕后，可以由计算机程序控制相关试验操作过程，且每个试验阶段均会有电脑语音提示，依次是准备加压、开始试验、固结完成（或结束固结）、开始剪切和试验结束。其中，“准备加压”就是调节围压系统至指定围压，确定的试验围压分别为 50kPa，100kPa，150kPa 和 200kPa；“开始试验”就是在围压设置完成后，试样在围压的作用下开始缓慢固结；“固结完成”就是试样在设计围压的作用下固结完成，但在本次试验过程中，胶粒土比较高的 RST 混合土试样在围压的持续作用下仍然达不到完全固结，对于这种类型试样的处理方法是待孔隙水压力变化不大且稳定一段时间后，人为结束固结；“开始剪切”就是试样固结完成或结束固结后，关闭排水阀门，并开启试验机施加轴向压力，试样开始剪切，直到“试验结束”。

试验结束后，计算机会直接显示所采集到的所有数据，主要包括剪切峰值、主应力差、轴向应变曲线和固结不排水剪强度包线等。其中，剪切峰值就是主应力差与轴向应变曲线中的峰值，即大小主应力差的最大值。

需要注意的是，为了确定RST混合土试样的抗剪强度指标，在对相同配比、不同围压的多个RST混合土试样进行三轴固结不排水剪切试验时，试验开始前输入的“土样编号”必须一致，只有这样，才能保证相同配比的多个RST混合土试样在不同围压作用下形成的莫尔圆能够在同一个图中显示出来。

在三轴固结不排水剪切试验过程中，胶粒土比较大的RST混合土试样在围压的持续作用下，计算机控制系统一直不提示固结完成，这主要是因为废弃轮胎橡胶颗粒具有较大的弹性，在外力作用下比较容易被压缩，当胶粒土比较大时，废弃轮胎橡胶颗粒在整个RST混合土试样中所占的比例相对较大，在围压作用下进行固结时，废弃轮胎橡胶颗粒在整个RST混合土试样中的伸缩达到平衡，待孔隙水压力下降到一定程度后，这种伸缩变化越来越小，直至趋于稳定，不过这是一个动态的变化过程，以至于试验控制系统不会提示固结完成，而实际上，RST混合土试样颗粒间的孔隙水压力的消散过程已经结束。由于TSZ－3型应变控制式三轴压缩仪的试验对象一般为天然土，而并非专门针对添加了轻质材料的混合土。当胶粒土比较小时，RST混合土试样在固结方面的特性接近于自然土，但当胶粒土比较大时，RST混合土试样在固结方面的特性与天然土相比存在很大差异，不过当RST混合土试样的孔隙水压力变化越来越小并趋于稳定时，可以认为RST混合土试样已经固结完成，可以人为主动结束固结。

当围压$\sigma=100$kPa时，RST混合土试样经三轴固结不排水剪切试验后呈现三种基本破坏形态，如图5－3所示。其中，编号为RST 40－5－20的RST混合土试样在三轴固结不排水剪切试验结束后的破坏形态呈鼓胀破坏，如图5－3（a）所示；编号为RST 40－13－20的RST混合土试样在三轴固结不排水剪切试验结束后的破坏形态呈剪切破坏，如图5－3（b）所示；编号为RST 40－10－20的RST混合土试样在三轴固结不排水剪切试验结束后的破坏形态介于鼓胀破坏和剪切破坏之间，呈鼓胀剪切破坏，如图5－3（c）所示。

由RST混合土试样的配比设计方案和相应的破坏形态，可以得到这样的结论，即随着灰土比的增大，经三轴固结不排水剪切试验

图 5 - 3 三轴固结不排水剪切试验中 RST 混合土试样的破坏形态

(a) 鼓胀型；(b) 剪切型；(c) 鼓胀剪切型

后，RST 混合土试样的破坏形态逐渐由鼓胀型向剪切型过渡；当灰土比低于 5% 时，RST 混合土试样主要发生鼓胀破坏，且破坏位置大多发生在试样的上部，破坏面处的不规则皴裂较多；当灰土比高于 15% 时，RST 混合土试样主要发生剪切破坏，试样具有明显的剪切面，且剪切面相对粗糙，几乎没有皴裂；当灰土比在 5% ~15% 范围内变化时，尤其是当灰土比为 10% 时，RST 混合土试样同时发生膨胀破坏和剪切破坏，且破坏位置处于试样的同一部位，并伴有少许皴裂。

RST 混合土试样经三轴固结不排水剪切试验后破坏形态出现这些差别的主要原因是：水泥作为 RST 混合土试样的固化剂，水化反应的产物与原料土和废弃轮胎橡胶颗粒胶结在一起，形成空间凝聚结构体，极大地提高了 RST 混合土试样的脆性，在试验加载的后期，凝聚结构体的破坏属于脆性破坏，并且灰土比越高，RST 混合土试样的脆性破坏特征就越明显，因此，RST 混合土试样会在三轴固结不排水剪切试验中呈现不同的破坏形态。

5.2 三轴固结不排水剪切试验强度特性的试验结果分析

5.2.1 胶粒土比对RST混合土抗剪强度的影响规律

为了研究胶粒土比 J 对RST混合土试样三轴固结不排水抗剪强度的影响规律，共制备了16种不同配合比的试样，并对这些试样分别进行了三轴固结不排水剪切试验。这16种RST混合土试样的配比情况是：在灰土比为10%，水土比为20%，养护龄期为14天，围压 σ 分别为50kPa，100kPa，150kPa和200kPa的情况下，胶粒土比分别选为20%，40%，60%和80%，经三轴固结不排水剪切试验测得的RST混合土试样的剪切峰值实测值列于表5-2。为了直观地反映胶粒土比对RST混合土三轴固结不排水抗剪强度的影响规律，将表5-2中所列的剪切峰值实测值以折线图的形式绘于图5-4中，不同胶粒土比时RST混合土试样的剪切峰值拟合曲线如图5-5所示。

表5-2 不同胶粒土比时RST混合土试样的剪切峰值实测值（kPa）

胶粒土比 J/%	围压 σ/kPa			
	50	100	150	200
20	1079.9	1384.7	1452.7	1458.8
40	897.9	986.2	1127.9	1238.7
60	621.2	751.6	813.3	975.4
80	424.6	499.6	583.0	615.8

由图5-4和图5-5中所示的曲线可以明显地看出，在胶粒土比从20%增大到80%的过程中，灰土比 H 为10%，水土比 S 为20%的RST混合土试样在同一围压下的剪切峰值随着胶粒土比的增大而持续降低，而且均具有较好的线性关系，其相关系数均超过0.98；不同围压下RST混合土试样的剪切峰值随着胶粒土比的增大而变化的趋势大致相同，线性变化率区别不大；对于胶粒土比、灰土比和水土比一定的RST混合土试样来说，随着围压的增大，RST混合土试样的剪切峰值呈上升趋势。

RST混合土试样的抗剪强度是由水泥固化剂的水化胶结结构、废

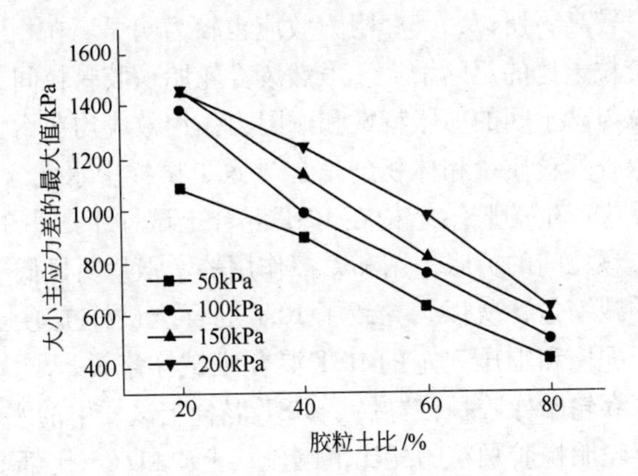

图 5-4 胶粒土比对 RST 混合土试样剪切峰值的影响曲线

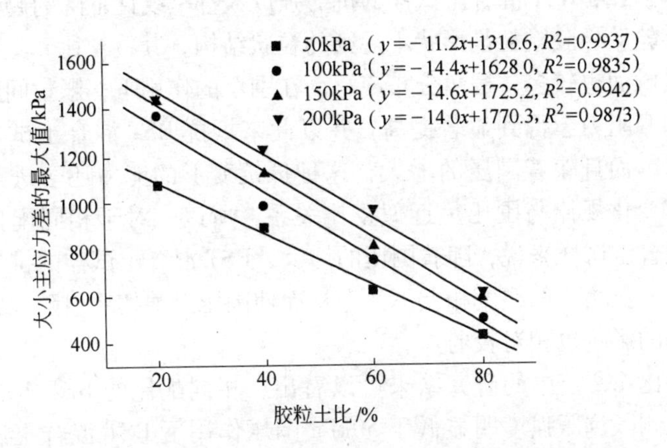

图 5-5 不同胶粒土比时 RST 混合土试样的剪切峰值拟合曲线

弃轮胎橡胶颗粒的互锁效应和摩擦作用[64]共同提供的。水泥和水发生反应后会在 RST 混合土试样中形成均匀的纤维网状空间胶结结构[65]，将砂土和橡胶颗粒黏聚在一起，提高了 RST 混合土试样的抗剪强度，这是 RST 混合土抗剪强度最主要的组成部分；废弃轮胎橡胶颗粒间、砂土间以及橡胶颗粒与砂土间的互锁效应将会引起颗粒间的相互挤压，产生了明显增强的剪胀作用；而各种颗粒间的滑动摩擦效应还会引起摩阻力的出现，由于废弃轮胎橡胶颗粒的粒径较大，摩擦系数相对较高，所以，其摩阻力效应也较为明显。在相同围压作用下，随着胶粒土比的不断增大，虽然废弃轮胎橡胶颗粒间、砂土间以及橡胶颗粒与砂土间的剪胀特性和摩阻力作用效应均在增大，但由于废弃轮胎橡胶颗粒质量和体积的增加导致了试样中水泥含量的减少，水泥水化反应产生的胶结结构在RST混合土试样中所占的空间比例大为减小，颗粒间的剪胀作用和摩擦作用的增强量明显低于胶结结构黏聚作用的减缩量，所以，导致了RST混合土试样抗剪强度的持续降低；对于配比和围压一定的RST混合土试样来说，增大胶粒土比相当于用废弃轮胎橡胶颗粒置换了RST混合土试样中的水泥和砂土，同时，废弃轮胎橡胶颗粒的配比范围较灰土比和水土比都要大，在灰土比和水土比一定的情况下，随着胶粒土比的增大，置换率基本保持一致，因此，RST混合土试样的抗剪强度大都呈线性下降的趋势；由于废弃轮胎橡胶颗粒是形状不规则的粒状结构，其粒径比砂土要大得多，接触面也较多，棱角分布广泛，在围压的作用下，颗粒间的剪胀特性和摩阻力会得到显著提高，并以此来抵抗RST混合土试样的剪切变形，而且随着围压的增大，这种抵抗变形的能力还会进一步增强，其变化规律与围压呈近似正比关系，所以，对于相同配比下的RST混合土试样来说，随着围压的增大，RST混合土试样的抗剪强度增大，而且增大的幅度相差不大，从而使围压对剪切峰值随胶粒土比变化率的影响也相对较弱。

对比4.2节中的研究结果可以看出，相同配比的RST混合土试样的无侧限抗压强度明显低于50kPa围压作用下RST混合土试样三轴固结不排水试验中的抗剪强度。出现这种现象的原因是：由于围压的存在，增强了RST混合土试样内部颗粒间抵抗剪切变形的能力，从而使得RST混合土试样的剪切峰值得到了显著提高，且超过了同一配比条件下RST混合土试样的无侧限抗压强度。从宏观的角度来讲，无侧限抗压强度试验可以近似地理解为是三轴固结不排水剪切试验围压为零时的特殊情况，相应地，无侧限抗压强度可以在一定程度上认为是RST混合土试样在零围压下的三轴固结不排水抗剪强度。这也就是配合比相同的RST混合土试样的无侧限抗压强度低于三轴固结不排水抗剪强度的主要原因。

5.2.2 灰土比对 RST 混合土抗剪强度的影响规律

为了研究灰土比 H 对 RST 混合土试样三轴固结不排水抗剪强度的影响规律，共制备了 16 种不同配比的试样，并分别对这些试样进行了三轴固结不排水剪切试验。这 16 种试样的配合比情况是：胶粒土比为 40%，水土比为 20%，养护龄期为 14 天，围压 σ 分别为 50kPa，100kPa，150kPa 和 200kPa，灰土比分别为 5%，8%，10% 和 13%。经三轴固结不排水剪切试验所测得的不同灰土比条件下 RST 混合土试样的剪切峰值实测值列于表 5－3，同时，为了更直观地反映灰土比对 RST 混合土试样三轴固结不排水抗剪强度的影响规律，将表 5－3 中所列的剪切峰值的实测值以折线图的形式绘于图 5－6 中，RST 混合土试样的剪切峰值在不同灰土比条件下的拟合曲线如图 5－7 所示。

表 5－3 不同灰土比时 RST 混合土试样的剪切峰值实测值 （kPa）

灰土比 H/%	围压 σ/kPa			
	50	100	150	200
5	560.5	594.4	660.9	816
8	813.0	890.6	983.1	1125.6
10	897.9	986.2	1127.9	1238.7
13	960.0	1039.1	1157.6	1334.7

由图 5－6 和图 5－7 中所示的曲线可以明显地看出，在灰土比从 5% 增大到 13% 的过程中，胶粒土比为 40%，水土比为 20% 的 RST 混合土试样在相同围压下的剪切峰值随着灰土比的增大而逐渐增大，只不过 RST 混合土试样强度的变化幅度越来越小，变化曲线满足指数衰减型变化的趋势，其最低相关系数为 0.9923，拟合效果十分好；对于胶粒土比、灰土比和水土比一定的 RST 混合土试样来说，随着围压的增大，RST 混合土试样的剪切峰值呈增大趋势。

出现以上这些现象的主要原因在于：随着灰土比的增大，RST 混合土试样中固化剂水泥水化反应所产生的胶结结构越来越多，其所能提供的黏聚作用使 RST 混合土试样的抗剪强度不断增大；在水土比

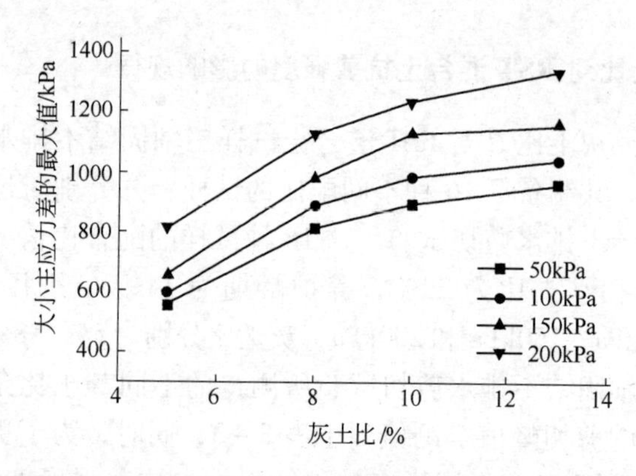

图5-6 灰土比对RST混合土试样剪切峰值的影响曲线

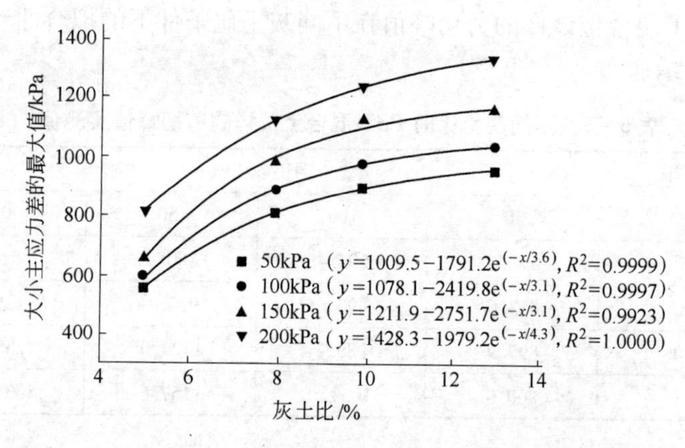

图5-7 不同灰土比时RST混合土试样的剪切峰值拟合曲线

不变的情况下，随着灰土比的持续增大，RST混合土试样中的水泥很容易出现水化反应不完全而产生剩余的状况，并且灰土比越大，这种情况发生的概率也就越大，RST混合土试样中水泥水化反应生成的胶结结构的数量也会持续降低，从而使RST混合土试样三轴固结不排水抗剪强度的增长变得越来越慢；对于胶粒土比、灰土比和水土比一定的RST混合土试样来说，随着围压的不断增大，RST混合土试样的抗剪强度逐渐增大，这同样也是由原材料颗粒间的剪胀作用和摩阻力随围压的增大而不断增强的作用所引起的。

5.2.3　水土比对 RST 混合土抗剪强度的影响规律

为了研究水土比 S 对 RST 混合土试样三轴固结不排水抗剪强度的影响规律，共制备了 16 种不同配合比的试样，并分别对这些试样进行了三轴固结不排水剪切试验。这 16 种 RST 混合土试样的配比情况是：胶粒土比为 40%，灰土比为 10%，养护龄期为 14 天，围压 σ 分别为 50kPa，100kPa，150kPa 和 200kPa，水土比分别为 20%，25% 和 30%。经三轴固结不排水剪切试验测得的不同水土比条件下 RST 混合土试样的剪切峰值实测值列于表 5－4 中，同时，为了更直观地反映水土比对 RST 混合土试样三轴固结不排水抗剪强度的影响规律，将表 5－4 中所列的剪切峰值实测值以折线图的形式绘于图 5－8 中。

表 5－4　不同水土比时 RST 混合土试样的剪切峰值实测值　（kPa）

水土比 S/%	围压 σ/kPa			
	50	100	150	200
15	355.0	575.4	823.4	1050.8
20	897.9	986.2	1127.9	1238.7
25	853.4	897.6	986.8	1145.3
30	674.6	827.2	887.1	935.5

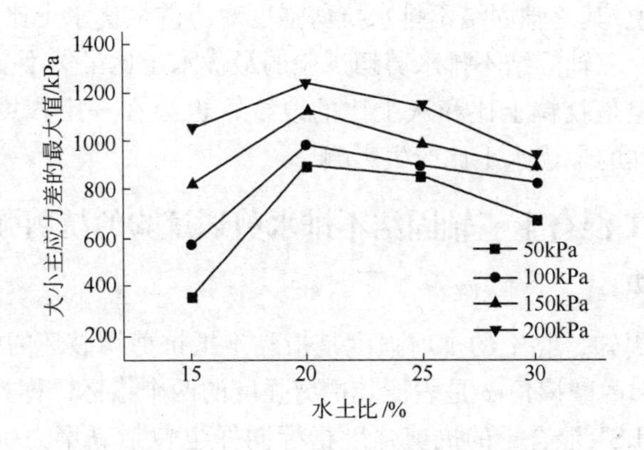

图 5－8　水土比对 RST 混合土试样剪切峰值的影响曲线

由图 5-8 中所示的曲线可以明显地看出，当胶粒土比、灰土比和围压一定时，在水土比从 15% 增大到 20% 的变化过程中，RST 混合土试样的三轴固结不排水剪切峰值随水土比的增大而增大，且增长变化率相对较大；在水土比从 20% 增大到 30% 的变化过程中，RST 混合土试样的剪切峰值随水土比的增大而减小，且变化率相对较小，这说明 RST 混合土试样的三轴固结不排水抗剪强度的最优水土比约为 20%，高于或低于这个数值，RST 混合土试样的三轴固结不排水抗剪强度都会有不同程度的减小。同时，围压的变化对 RST 混合土试样最优水土比的影响较小。

RST 混合土试样在无侧限抗压强度试验和三轴固结不排水剪切试验中都存在一个最优水土比。在无侧限抗压强度试验中，RST 混合土试样的最优水土比为 25%，而在三轴固结不排水剪切试验中，RST 混合土试样的最优水土比为 20%。出现这种差别的主要原因是：三轴固结不排水剪切试验是先固结后剪切，而对于水土比超过 25% 的 RST 混合土试样来说，试样中必然存在较多的自由水，在固结时，自由水的消散过程会在一定程度上破坏 RST 混合土试样的胶结结构，从而导致水泥的黏结作用降低，虽然在无侧限抗压强度试验中，当水土比从 20% 增大到 25% 的过程中，RST 混合土试样的无侧限抗压强度会有所增大，但与三轴固结不排水抗剪强度相比，RST 混合土试样的这种强度增幅相对较小，因此，对于胶粒土比和灰土比一定的 RST 混合土试样来说，其三轴固结不排水抗剪强度对应的最优水土比为 20%。

另外，三轴固结不排水剪切试验的最优水土比虽然不受围压变化的影响，但是胶粒土比和灰土比的改变，也会在一定程度上对 RST 混合土试样的最优水土比产生影响。

5.3 RST 混合土三轴固结不排水剪切试验的抗剪强度指标分析

众所周知，黏土的抗剪强度是指黏土抵抗剪切破坏的极限强度，黏聚力 c 和内摩擦角 φ 是表征其抗剪强度的两个指标，称为抗剪强度指标[66]。RST 混合土的抗剪强度指标同样也包括黏聚力 c 和内摩擦角 φ，只不过 RST 混合土是由原料土、废弃轮胎橡胶颗粒、水泥和水四种原材料按照比例配合而成的，每种配比方案对 RST 混合土试样三轴固结不排水抗剪强度的影响是不同的，因此，RST 混合土试样的抗剪强度指标 c 和 φ 也会在一定程度上受到影响。

不同配比条件下 RST 混合土试样三轴固结不排水剪切试验的莫尔包络线如图 5－9～图 5－18 所示。由图 5－9～图 5－18 所示的曲线可以明显地看出：RST 混合土试样莫尔圆包络线的拟合效果十分好，其中，编号为 RST 20－10－20 的 RST 混合土试样的相关系数 R 最低，为 0.977，编号为 RST 40－10－15 的 RST 混合土试样的相关系数 R 最高，为 1.000，平均相关系数 R 达 0.993，这说明 RST 混合土试样的三轴固结不排水抗剪强度完全符合摩尔－库仑强度准则。

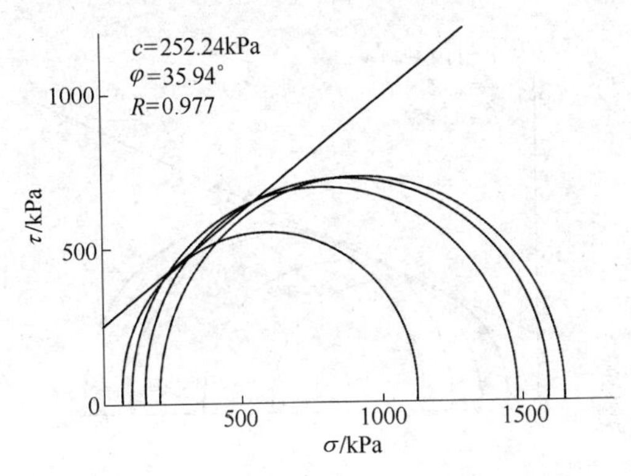

图 5－9 编号为 RST 20－10－20 的 RST 混合土试样的莫尔包络线

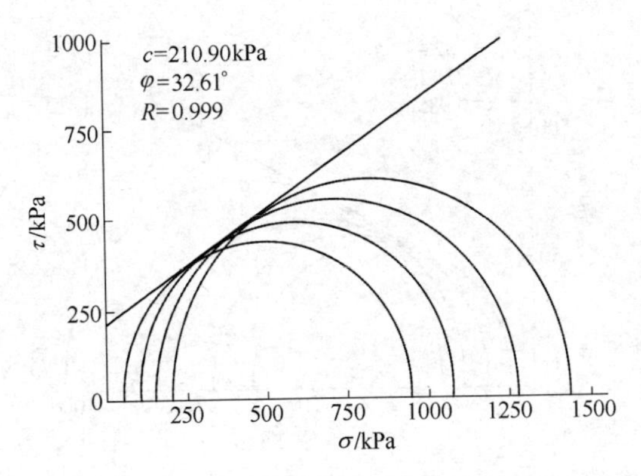

图 5－10 编号为 RST 40－10－20 的 RST 混合土试样的莫尔包络线

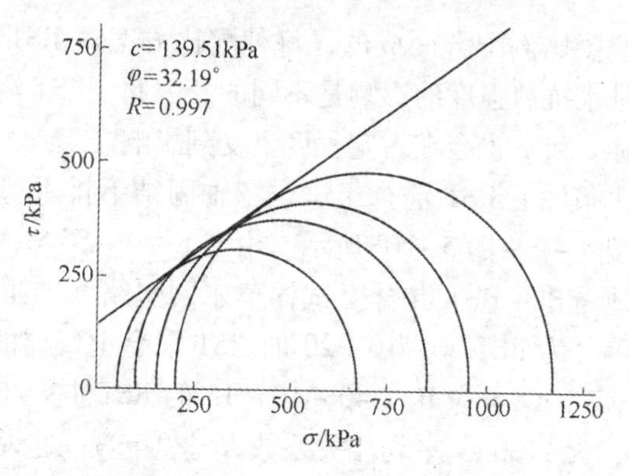

图5－11 编号为RST 60－10－20的RST混合土试样的莫尔包络线

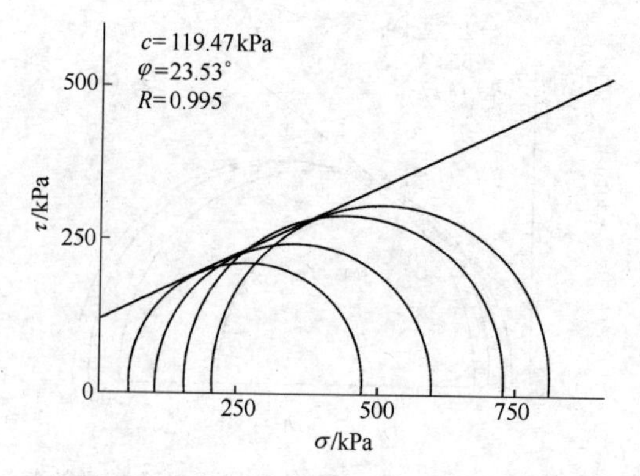

图5－12 编号为RST 80－10－20的RST混合土试样的莫尔包络线

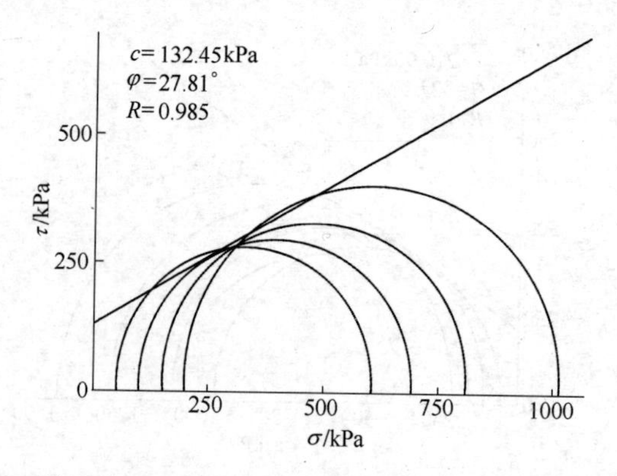

图5－13 编号为RST 40－5－20的RST混合土试样的莫尔包络线

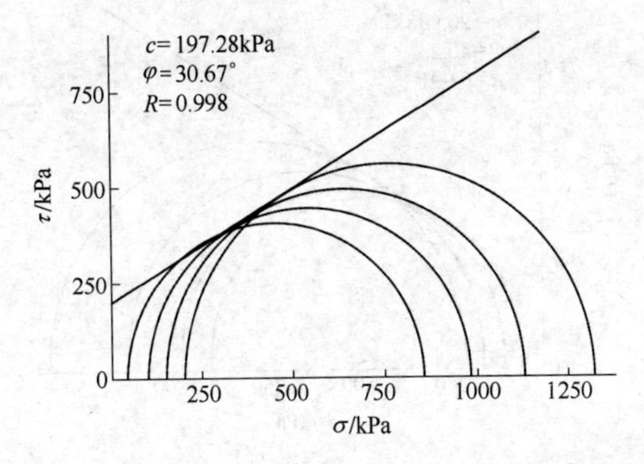

图 5 - 14 编号为 RST 40 - 8 - 20 的 RST 混合土试样的莫尔包络线

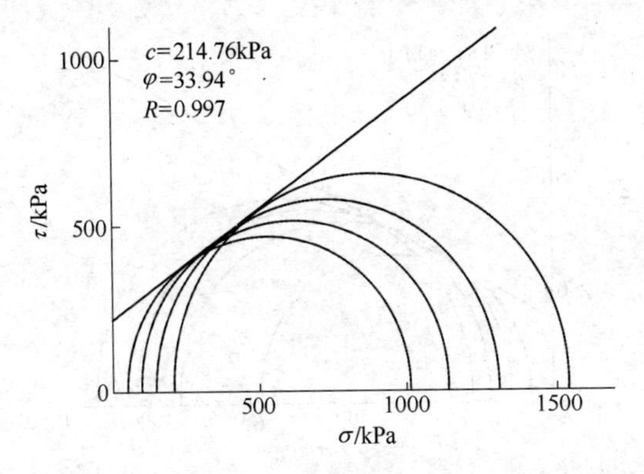

图 5 - 15 编号为 RST 40 - 13 - 20 的 RST 混合土试样的莫尔包络线

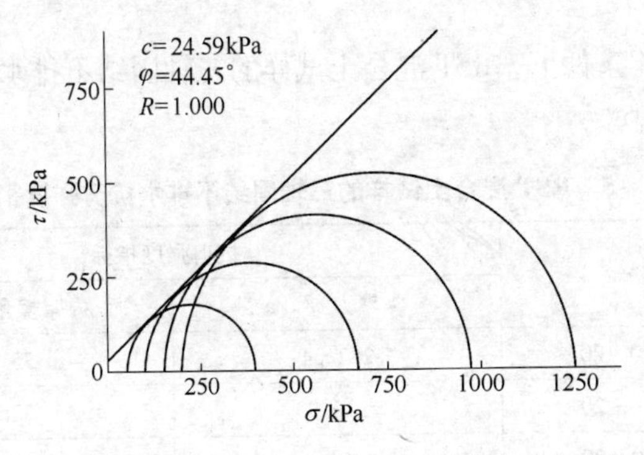

图 5 - 16 编号为 RST 40 - 10 - 15 的 RST 混合土试样的莫尔包络线

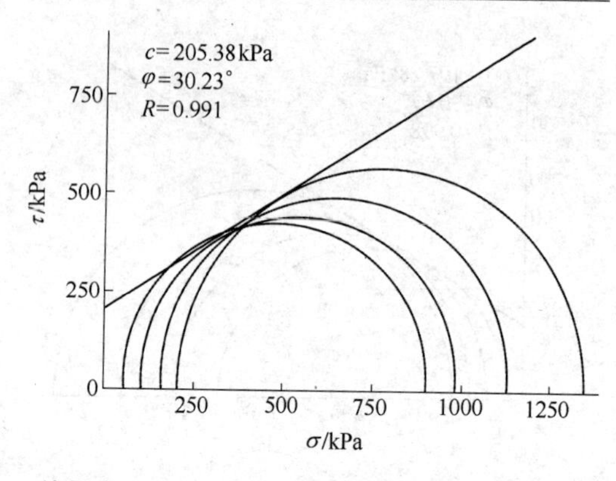

图5-17 编号为RST 40-10-25的RST混合土试样的莫尔包络线

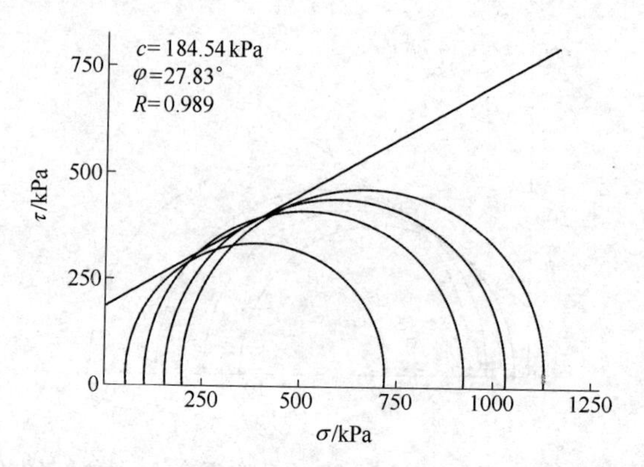

图5-18 编号为RST 40-10-30的RST混合土试样的莫尔包络线

不同配比条件下，RST混合土试样的三轴固结不排水抗剪强度指标列于表5-5。

表5-5 RST混合土试样的三轴固结不排水抗剪强度指标

试样编号	抗剪强度指标	
	黏聚力 c/kPa	内摩擦角 φ/(°)
RST 20-10-20	252.24	35.94
RST 40-10-20	210.9	32.61
RST 60-10-20	139.51	32.19

续表 5－5

试样编号	抗剪强度指标	
	黏聚力 c/kPa	内摩擦角 φ/(°)
RST 80－10－20	119.47	23.53
RST 40－5－20	132.45	27.81
RST 40－8－20	197.28	30.67
RST 40－13－20	214.76	33.94
RST 40－10－15	24.59	44.45
RST 40－10－25	205.38	30.23
RST 40－10－30	184.54	27.83

由表 5－5 所列的数据可以看出，随着胶粒土比的增大，RST 混合土试样的黏聚力 c 值减小，内摩擦角 φ 值也相应减小；随着灰土比的增大，RST 混合土试样的黏聚力 c 值增大，内摩擦角 φ 值也相应增大；随着水土比的增大，RST 混合土的黏聚力 c 值先增大后减小，且当水土比为 20% 时，RST 混合土试样的 c 值最大，内摩擦角 φ 值却一直呈减小趋势，这说明，降低胶粒土比或者提高灰土比均可以有效地提高 RST 混合土的抗剪强度指标，同时，选择合适的水土比也可以在一定程度上提高 RST 混合土的黏聚力。

5.4 三轴固结不排水剪切试验变形特性的试验结果分析

5.4.1 胶粒土比对 RST 混合土应力－应变关系曲线的影响规律

为了研究胶粒土比 J 对 RST 混合土试样应力－应变关系曲线的影响规律，共制备了 16 种不同配合比的试样，并分别对这些试样进行了三轴固结不排水剪切试验。这 16 种试样的配比情况是：灰土比为 10%，水土比为 20%，养护龄期为 14 天，围压 σ 分别为 50kPa，100kPa，150kPa 和 200kPa，胶粒土比分别为 20%，40%，60% 和 80%。在这些配合比情况下，RST 混合土试样的应力－应变关系曲线随胶粒土比的变化情况分别如图 5－19～图 5－22 所示。

由图 5－19～图 5－22 所示的曲线可以看出，当灰土比、水土比

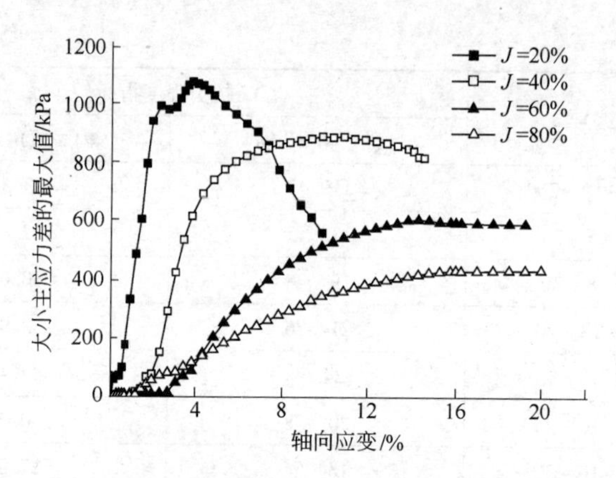

图 5－19　不同胶粒土比时 RST 混合土试样的
应力－应变关系曲线（σ＝50kPa）

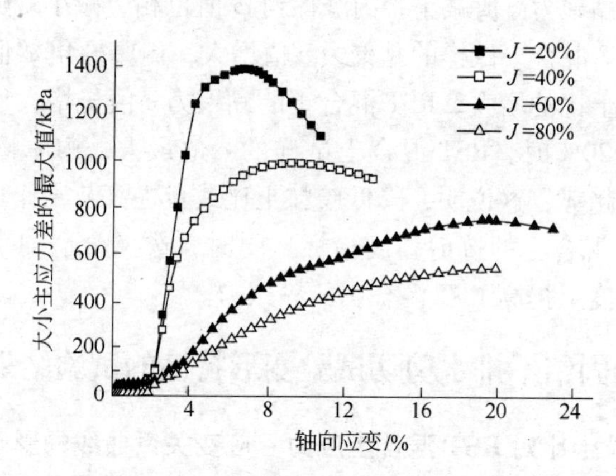

图 5－20　不同胶粒土比时 RST 混合土试样的
应力－应变关系曲线（σ＝100kPa）

和围压一定时，在胶粒土比从 20% 增大到 80% 的过程中，RST 混合土试样应力－应变关系曲线的软化程度越来越小，特别是当胶粒土比为 80% 时，在加载的后期，应力－应变关系曲线已没有明显的应力下降段，应力持续增加，直至 RST 混合土试样发生破坏，其应力－应变关系曲线已完全呈现硬化特性。

出现以上这些现象的主要原因是：制备 RST 混合土试样的废弃

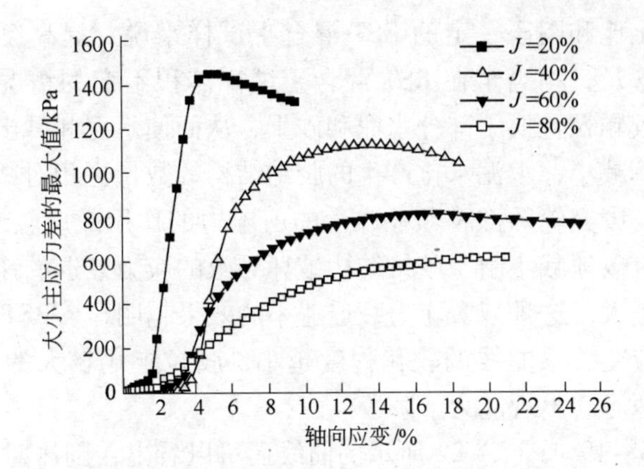

图 5-21 不同胶粒土比时 RST 混合土试样的应力-应变关系曲线（σ=150kPa）

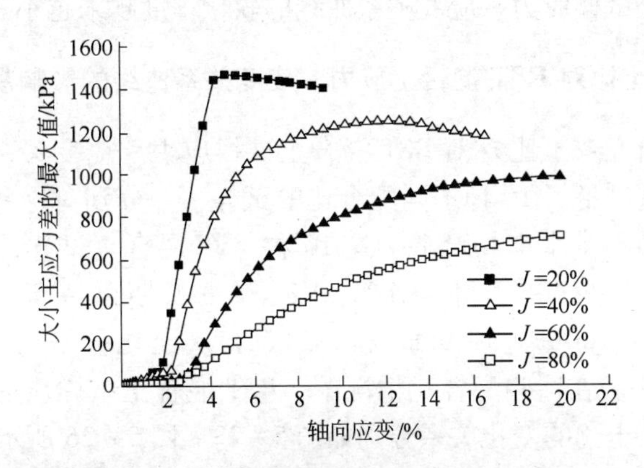

图 5-22 不同胶粒土比时 RST 混合土试样的应力-应变关系曲线（σ=200kPa）

轮胎橡胶颗粒是形状不规则的粒状结构，棱角分布广泛，粒径比砂土颗粒大得多，在围压作用下，原材料颗粒间的剪胀特性和摩阻力均会得到显著提高，并以此来抵抗 RST 混合土试样的剪切变形，从而降低 RST 混合土试样峰值后应力的下降速率，而水泥水化产生的胶结结构的破坏属于脆性破坏，在加载的后期，胶结结构的破坏速率增大，水化胶结力迅速减小，从而加大了轴向应力的衰退速率。对于灰土比、水土比和围压一定的RST混合土试样来说，提高废弃轮胎橡胶颗粒的含量，相当于在RST混合土试样体积不变的情况下，用废弃轮胎橡胶颗粒置换了部分水泥和砂土，从而使水泥和砂土在试样中所占的比例减小，水泥水化产生的胶结结构的数量也相对减少，在加载的后期，废弃轮胎橡胶颗粒产生的剪阻力的作用效应较水泥明显，从而可以有效地减小由于胶结结构破坏导致的应力衰退的速率，而且胶粒土比越大，这种减缓应力衰退速率的效果越明显，RST混合土试样应力－应变关系曲线的软化程度越小，胶粒土比较大的RST混合土试样甚至不会出现应力下降段。

由图5－19～图5－22所示的曲线还可以看出，围压对RST混合土试样应力－应变关系曲线的软化程度也有一定的影响。当RST混合土试样的配合比一定时，在围压从50kPa增大到200kPa的过程中，RST混合土试样应力－应变关系曲线的软化程度越来越小。

5.4.2 灰土比对RST混合土应力－应变关系曲线的影响规律

为了研究灰土比H对RST混合土试样应力－应变关系曲线的影响规律，共制备了16种不同配合比的试样，并分别对这些试样进行了三轴固结不排水剪切试验。这16种RST混合土试样的配比情况是：胶粒土比为40%，水土比为20%，养护龄期为14天，围压σ分别为50kPa，100kPa，150kPa和200kPa，灰土比分别为5%，8%，10%和13%。在这些配合比情况下，RST混合土试样应力－应变关系曲线随灰土比的变化关系分别如图5－23～图5－26所示。

由图5－23～图5－26所示的曲线可以看出，当胶粒土比、水土比和围压一定时，在灰土比从5%增大到13%的过程中，RST混合土试样峰值后应力的下降速率增大，RST混合土试样应力－应变关系曲线的软化程度越来越大，特别是当灰土比为13%时，RST混合土试样的抗剪强度最高，但试样破坏时的轴向应变最小，RST混合土试样应力－应变关系曲线的软化特征最为明显。

引起以上这些现象的主要原因是水泥的水化反应程度。当RST混合土试样的水土比和胶粒土比一定时，随着水泥含量的不断增加，水泥水化反应不断进行，所产生的胶结结构越来越多，所能提供的黏

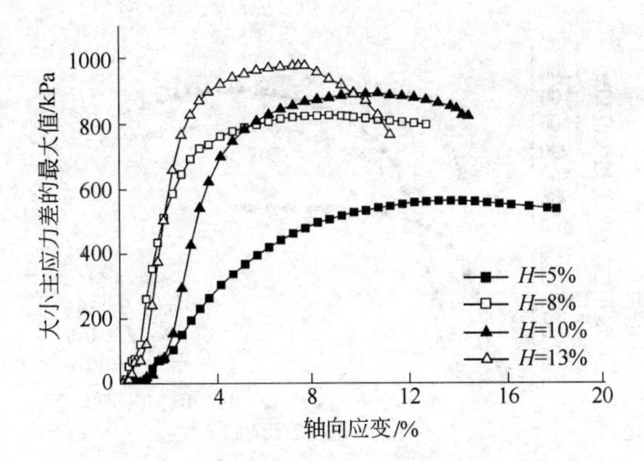

图 5-23 不同灰土比时 RST 混合土试样的应力-应变关系曲线（$\sigma=50$kPa）

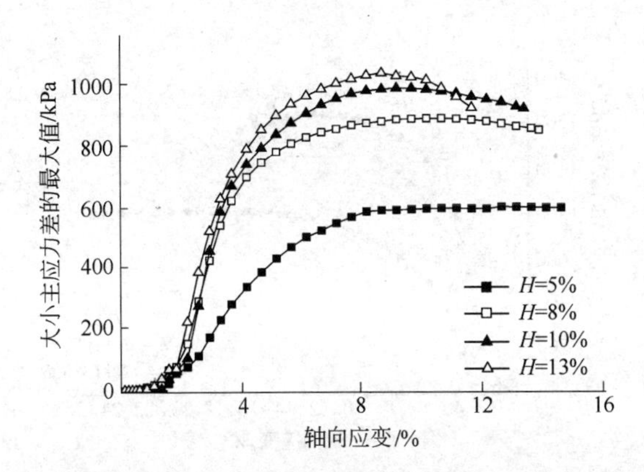

图 5-24 不同灰土比时 RST 混合土试样的应力-应变关系曲线（$\sigma=100$kPa）

聚力越来越大，其对 RST 混合土试样抗剪强度的贡献也越来越大，但水泥水化产生的胶结结构的破坏是脆性破坏，且在加载的后期会在短时间内突然破坏，从而增大了 RST 混合土试样轴向应力的衰退速率，且随着灰土比的增大，单位体积 RST 混合土试样中所含的水泥量增大，废弃轮胎橡胶颗粒和原料土的含量就会相对减少，水泥对 RST 混合土试样抗剪强度的作用效果明显高于废弃轮胎橡胶颗粒的作

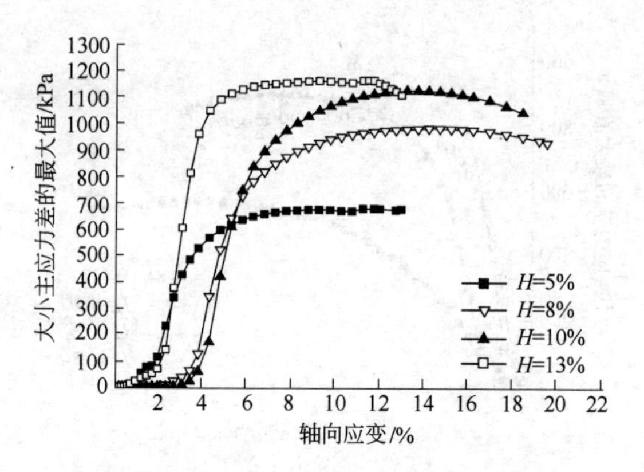

图5-25 不同灰土比时RST混合土试样的
应力-应变关系曲线（σ=150kPa）

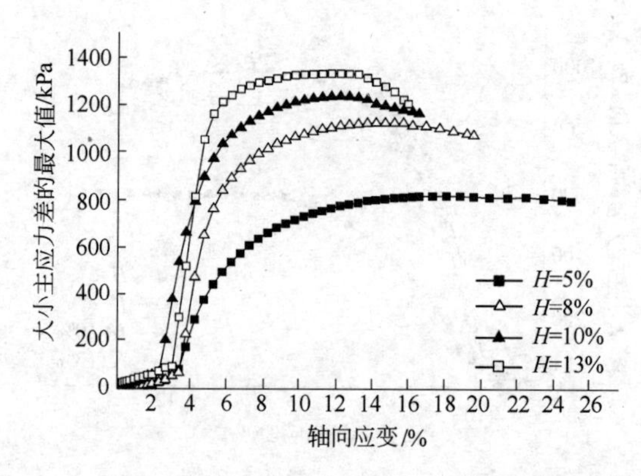

图5-26 不同灰土比时RST混合土试样的
应力-应变关系曲线（σ=200kPa）

用效果，试样中胶结结构破坏导致的应力衰退逐渐不能由废弃轮胎橡胶颗粒的剪胀特性和剪阻力来抵消，因此，RST混合土试样峰值后应力的下降速率越来越大，其应力-应变曲线的软化特征越来越明显。

5.4.3 水土比对RST混合土应力-应变关系曲线的影响规律

为了研究水土比S对RST混合土试样应力-应变关系曲线的影

响规律，共制备了16种不同配合比的RST混合土试样，并分别对这些试样进行了三轴固结不排水剪切试验。这16种RST混合土试样的配比情况是：在胶粒土比为40%，灰土比为10%，养护龄期为14天，围压σ分别为50kPa，100kPa，150kPa和200kPa的情况下，水土比分别选为20%，25%和30%。在这些配合比情况下，RST混合土试样应力－应变关系曲线随水土比的变化情况分别如图5－27～图5－30所示。

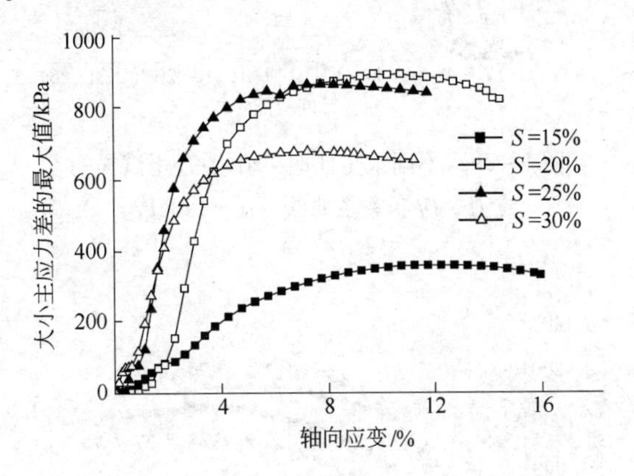

图5－27 不同水土比时RST混合土试样的应力－应变关系曲线（σ＝50kPa）

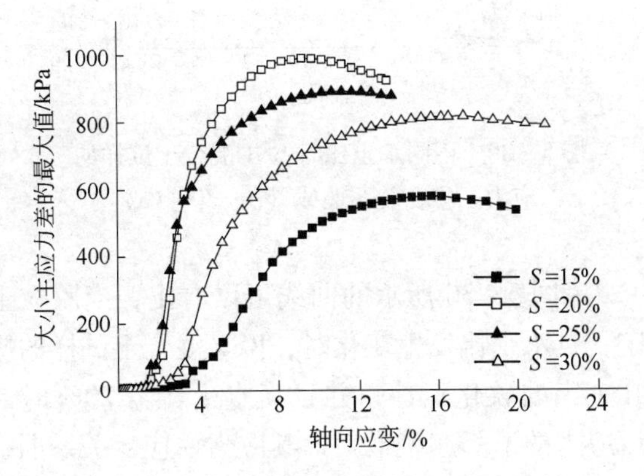

图5－28 不同水土比时RST混合土试样的应力－应变关系曲线（σ＝100kPa）

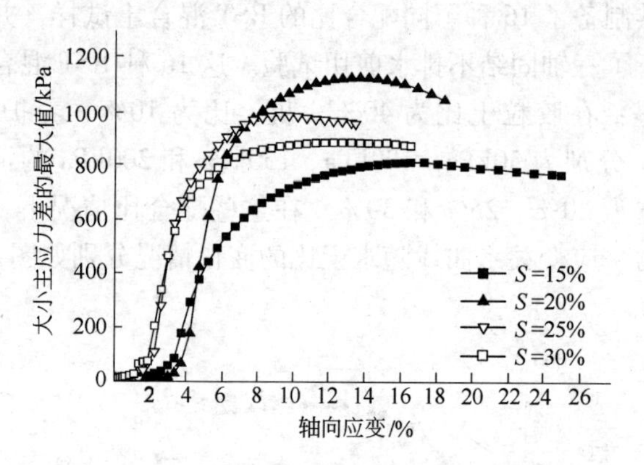

图 5-29 不同水土比时 RST 混合土试样的
应力-应变关系曲线（$\sigma=150$kPa）

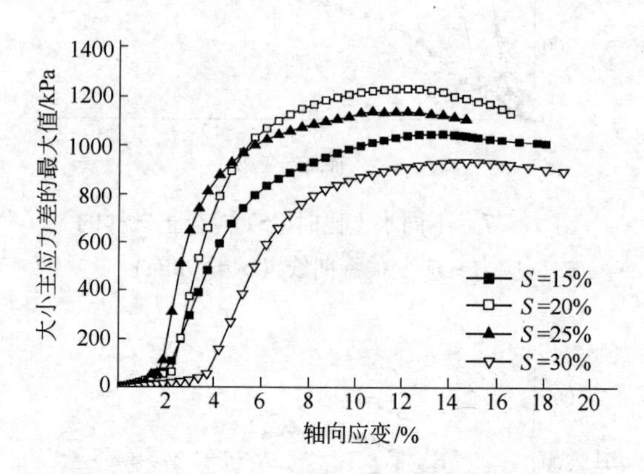

图 5-30 不同水土比时 RST 混合土试样的
应力-应变关系曲线（$\sigma=200$kPa）

由图 5-27 ~ 图 5-30 所示的曲线可以看出，当胶粒土比、灰土比和围压一定，且水土比发生变化时，RST 混合土试样的应力-应变关系曲线存在一定的软化特性，并且当水土比为 20% 时，RST 混合土试样峰值后应力的下降速率最大，其应力-应变关系曲线的软化特征最为明显。

出现以上这些现象的主要原因是：RST 混合土试样在三轴固结不

排水剪切试验时的最优水土比为20%，当水土比为20%时，试样中水泥的水化反应较为充分，所产生的胶结结构的数量较多，胶结结构提供的黏聚力作用较明显，试样成型也较好，其表面光滑无孔洞，对三轴固结不排水抗剪强度的贡献也较大，当RST混合土试样的应力达到峰值后，水泥水化反应产生的胶结结构的破坏对RST混合土试样应力下降产生的影响也较大，其应力下降的速度也较大。

5.4.4 围压对RST混合土应力－应变关系曲线的影响规律

为了研究围压σ对RST混合土试样应力－应变关系曲线的影响规律，共制备了12种不同配合比的试样，并分别对这些试样进行了三轴固结不排水剪切试验。这12种RST混合土试样的配合比情况是：在胶粒土比分别为20%，60%和80%，灰土比为10%，水土比为20%，养护龄期为14天的情况下，围压σ分别选为50kPa，100kPa，150kPa和200kPa。在这些配合比情况下，RST混合土试样应力－应变关系曲线随围压的变化情况分别如图5－31～图5－33所示。

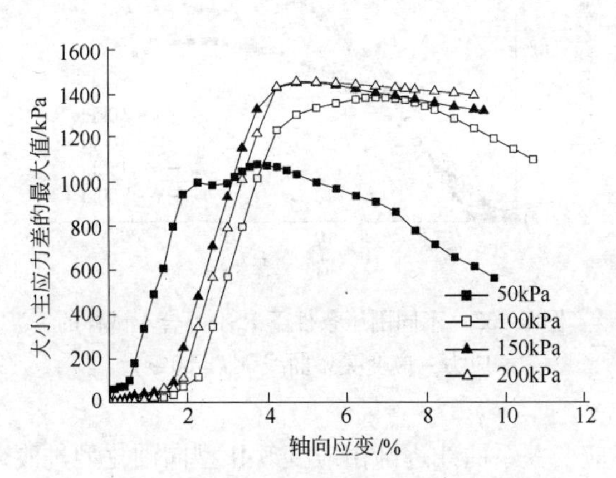

图5－31 不同围压条件下RST混合土试样的应力－应变关系曲线（$J=20\%$）

由图5－31～图5－33所示的曲线可以看出，当灰土比和水土比一定，且胶粒土比J为20%时，随着围压σ的增大，RST混合土试

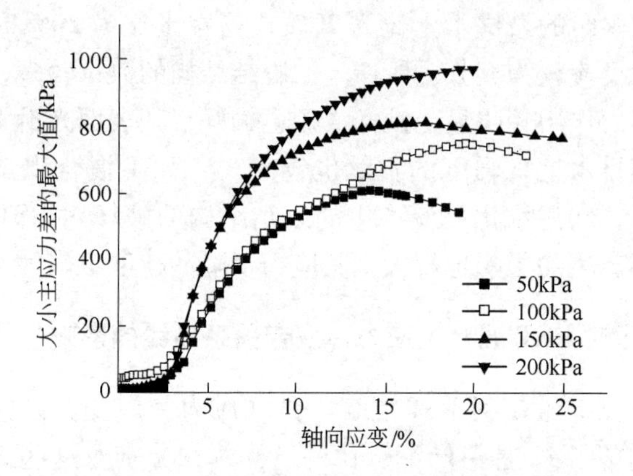

图5－32 不同围压条件下RST混合土试样的应力－应变关系曲线（$J=60\%$）

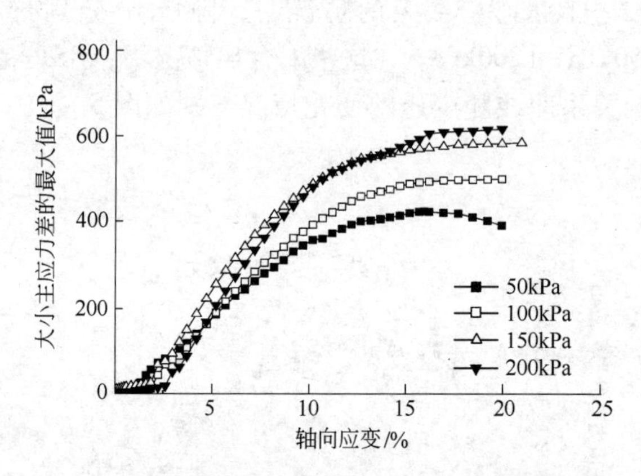

图5－33 不同围压条件下RST混合土试样的应力－应变关系曲线（$J=80\%$）

样的应力－应变关系曲线逐渐由应变软化型向硬化型过渡，当胶粒土比J为80%时，RST混合土试样的应力－应变关系曲线则表现出明显的硬化特性。除此之外，随着围压σ的增大，RST混合土试样的初始模量均逐渐增大，且相同轴向应变时RST混合土试样的主应力差也逐渐增大。

产生以上这些现象的主要原因是：制备RST混合土所用的废弃

轮胎橡胶颗粒的粒径较大，形状不规则，棱角较多，在围压作用下，RST 混合土试样发生剪切破坏之前，废弃轮胎橡胶颗粒之间的剪胀特性和摩阻力会得到显著提高，并以此来抵抗 RST 混合土试样的剪切变形，而且施加的围压 σ 越大，RST 混合土试样的压缩量就越大，密实度也就越大，从而使 RST 混合土试样抵抗剪切变形的能力会进一步增强，变形模量也增大。

5.5 小结

通过三轴固结不排水剪切试验对 RST 混合土试样的强度特性和变形特性进行了系统研究，并进行了影响因素分析，重点探讨了胶粒土比、灰土比和水土比对 RST 混合土试样抗剪强度的影响规律，总结了 RST 混合土试样在三轴固结不排水剪切试验中的破坏形态，并进行了抗剪强度指标分析。同时，还研究了胶粒土比、灰土比、水土比和围压对 RST 混合土试样应力 - 应变关系曲线的影响规律，从而为工程实用奠定了坚实的理论基础。研究得到的主要结论如下：

（1）RST 混合土强度特性方面的主要结论。

1）在三轴固结不排水剪切试验中，随着灰土比的增大，RST 混合土试样的破坏形态从鼓胀型破坏逐渐向剪切型破坏过渡。当灰土比低于 5% 时，RST 混合土试样的破坏形态主要是鼓胀型破坏；当灰土比在 5% ~15% 范围内变化时，尤其是当灰土比 $H=10\%$ 时，RST 混合土试样的破坏形态主要是鼓胀剪切型破坏；当灰土比高于 15% 时，RST 混合土试样的破坏形态主要是剪切型破坏。

2）当灰土比和水土比一定时，RST 混合土试样的抗剪强度随胶粒土比的增大而降低；当胶粒土比和水土比一定时，RST 混合土试样的抗剪强度随灰土比的增大而增大；当胶粒土比和灰土比一定时，RST 混合土试样的最优水土比约为 20%，此时 RST 混合土试样的抗剪强度最大，高于或者低于这个水土比数值，RST 混合土试样的抗剪强度都会有所下降。同时，围压也对 RST 混合土试样的抗剪强度有显著影响，在围压从 50kPa 增大到 200kPa 的过程中，RST 混合土试样的抗剪强度随围压的增大而持续增大。

3）RST 混合土试样的莫尔包络线可以拟合为直线，且拟合效果非常好，符合摩尔－库仑强度准则。不同配合比条件下RST混合土试样的抗剪强度莫尔包络线的c和φ值是不一样的，不过具有一定的变化规律，即RST混合土试样的黏聚力c值和内摩擦角φ值均随着胶粒土比的增大而减小，随着灰土比的增大而增大；当水土比增大时，黏聚力c值先增大后减小，且当水土比为20%时黏聚力c值最大，内摩擦角φ值却一直呈减小的趋势。

（2）RST混合土变形特性方面的主要结论。

1）当灰土比、水土比和围压一定时，在胶粒土比从20%增大到80%的过程中，RST混合土试样应力－应变关系曲线的软化程度越来越小，特别是当胶粒土比为80%时，在加载后期，RST混合土试样的应力－应变关系曲线已没有明显的应力下降段，应力持续增加，直至试样发生破坏，RST混合土试样的应力－应变关系曲线已完全呈现硬化特性。另外，在不同围压作用下，RST混合土的软化特征也有一定的差别。当RST混合土试样的配合比相同时，在围压从50kPa增大到200kPa的过程中，RST混合土试样应力－应变关系曲线的软化程度越来越小。

2）当胶粒土比、水土比和围压一定时，在灰土比从5%增大到13%的过程中，RST混合土试样峰值后应力的下降速率逐渐增大，RST混合土试样应力－应变关系曲线的软化程度越来越大，特别是当灰土比为13%时，RST混合土试样的抗剪强度最大，但破坏时的轴向应变最小，RST混合土试样应力－应变关系曲线的软化特征最为明显。

3）当胶粒土比、灰土比和围压一定，且水土比发生变化时，RST混合土试样的应力－应变关系曲线都存在一定的软化特性，并且当水土比为20%时，RST混合土试样峰值后应力的下降速率最大，其应力－应变关系曲线的软化特征最为明显。

4）当胶粒土比J为20%时，随着围压σ的增大，RST混合土试样的应力－应变关系曲线逐渐由应变软化型向硬化型过渡；当胶粒土比J为80%时，RST混合土试样的应力－应变关系曲线则表现出明显的硬化特性。除此之外，随着围压σ的增大，RST混合土试样的初始模量均逐渐增大，且相同轴向应变时的主应力差也增大。

第6章 RST混合土动变形特性试验研究

自然界中的土体经常会受到各种动荷载的作用，如爆炸荷载、车辆荷载、风荷载、地震荷载等[67]。动荷载作用下土体的变形主要有弹性变形和塑性变形。当应变幅值较小，在 $10^{-6} \sim 10^{-4}$ 范围内时，如土体受到车辆荷载时，土体近似弹性；当应变幅值在 $10^{-4} \sim 10^{-2}$ 范围内时，如土体受到打桩等引起的震动时，土体显示弹塑性的特征；当应变幅值继续增大至 10^{-2} 内时，土体变形过大，已不能维持原来的稳定状态而发生破坏[68]。研究土的动力特性分两种情况，一种是小应变幅值时，主要研究土体的阻尼比和动弹性模量，可以为地基基础的动态反应分析提供参数；另一种是大应变幅值时，主要研究土体的变形和强度，可以为地基、基础等建筑物的整体稳定性提供参考。从上述分析可以看出，阻尼比和动弹性模量是土变形特性的重要参数。本章首先对室内动三轴试验原理和试验仪器进行了简单介绍；然后进行了 RST 混合土动三轴试验加载方案的设计和试验操作步骤的介绍；最后，着重研究了围压、橡胶颗粒含量、水泥掺入量及振动频率对 RST 混合土的动应力 - 应变曲线、动弹性模量和等效阻尼比的影响规律，为 RST 混合土在工程中的应用提供科学的理论依据。

6.1 RST混合土的配比方案设计和试样制备方法

6.1.1 RST混合土的配比方案设计

6.1.1.1 废弃轮胎橡胶颗粒含量

原料土和废弃轮胎橡胶颗粒都处于散粒状态，废弃轮胎橡胶颗粒在掺入时有两种方式，一种是以废弃轮胎橡胶颗粒与原料土的质量之比为标准，另一种是以废弃轮胎橡胶颗粒与原料土的体积之比为标准。在研究 RST 混合土的物理特性和静力特性时，为了操作方便，采用废弃轮胎橡胶颗粒与原料土的质量之比来控制废弃轮胎橡胶颗粒的掺入量，而在研究 RST 混合土的动力特性时，由于废弃轮胎橡胶颗粒的粒径不是完全标准统一的，为了使废弃轮胎橡胶颗粒和原料土达到置换的效果，采用废弃轮胎橡胶颗粒和原料土的纯体积比 V_r/V_s 来控制废弃轮胎橡胶颗粒的掺入量。为了研究废弃轮胎橡胶颗粒含量对 RST 混合土力学性质的影响规律，在动力特性试验中，主要考虑了 4 种不同的废弃轮胎橡胶颗粒含量，即 V_r/V_s 分别为 0，0.5，1.0 和 1.5。

6.1.1.2　水泥含量

水泥用量以水泥与干土的质量比 m_c/m_s 来控制，其中，干土的质量是指混合前砂土的质量，考虑到水泥的成本问题及试验要求，水泥的掺量不宜过多，在动力特性试验中，水泥的用量主要考虑了三种情况，即 m_c/m_s 分别为 5%，10% 和 15%。

6.1.1.3　含水量

制备 RST 混合土试样时所用的水为自来水，RST 混合土中采用水和原料土的质量之比来控制水的掺入量。在实际工程中，根据施工机械的不同可使用不同的含水量，当使用碾压设备进行碾压施工时，要求混合土的含水量不宜过多，在液限的 1.2 ~ 2.5 倍左右即可；当使用输泥管进行浇筑施工时可以适当增加用水量。本次试验所用的原料土为砂土，其含有一定量黏粒，与黏性土不同，如果水土比过小，则试样很难成型，如果水土比过大，则会导致在制备土样的过程中水从击土器的底部溢出，影响试验结果的准确性，并降低试样的强度，因此，RST 混合土试样中水的用量必须控制在一定的范围内。参考第 5 章 RST 混合土的静三轴试验中最大与最小主应力差随水土比的变化曲线可以得出：当水土比在 20% 左右时，RST 混合土的三轴抗压强度最大。考虑水土比在 20% 左右时试样成型容易且可得到较高的抗剪强度，本次试验将所有 RST 混合土试样的水土比定为 20%。虽然含水量是影响土力学性质的一个重要因素，但对于 RST 混合土来说，影响其力学性质的因素很多，如果在动力特性试验中考虑水土比则需要耗费大量的时间和精力，因此，在动力特性试验中暂不考虑水的影响。

综合考虑以上因素，本试验所涉及的所有 RST 混合土试样的配比设计方案列于表 6－1。

表 6－1 RST 混合土试样的配比方案汇总表

试样编号	水泥含量 (m_c/m_s)/%	橡胶颗粒含量 (V_r/V_s)	含水量 w/%
T10	5	0	20
T20	10	0	20
T30	15	0	20
T11	5	0.5	20
T12	5	1.0	20
T13	5	1.5	20
T21	10	0.5	20
T22	10	1.0	20
T23	10	1.5	20
T31	15	0.5	20
T32	15	1.0	20
T33	15	1.5	20

6.1.2 RST 混合土的试样制备方法

进行动三轴试验前，首先应进行 RST 混合土试样的制备，对于无黏性土来说，一般在试验仪器上进行现场制样，对于普通塑性土试样来说，则通过分层击实的方法制作土样。由于 RST 混合土是由多种原材料混合而成的，其试样制备方法不同于一般塑性土，具体的试样制备方法已在第 3 章进行了详细叙述，此处不再赘述。本节主要对 RST 混合土试样的硬化过程进行分析。

RST 混合土是由多种原材料混合而成的，具有复杂的结构形式。由于 RST 混合土试样中掺入了适量的水泥，RST 混合土试样的硬化过程直接决定了其自身的结构，因此，应首先了解 RST 混合土试样的硬化过程。RST 混合土试样的硬化过程可分为以下三个阶段：

（1）从土样搅拌开始到水泥初凝。在这一阶段，水泥中的硅酸三钙与水发生水化反应，生成$Ca(OH)_2$和水化硅酸钙（C－S－H），在这一阶段，由于水泥刚开始进行水化反应，所以水化产物较少，在废弃轮胎橡胶颗粒和原料土之间还未形成网状结构，RST混合土试样还处于塑性状态，强度很低。

（2）从水泥初凝到养护24h。在这一阶段，水泥水化反应开始加速，并且形成了大量的C－S－H和钙矾石晶体，这些产物在废弃轮胎橡胶颗粒和原料土颗粒之间结成网状结构，此时RST混合土试样的强度开始迅速增长。

（3）从养护24h到水泥水化反应结束。在这一阶段，水泥的水化反应继续进行，水化产物的数量不断增加，使得网状结构变得更加密实，RST混合土试样的强度也逐渐增强，当水泥充分水化后，RST混合土试样的强度开始趋于稳定。

6.2 RST混合土的动变形特性试验

6.2.1 试验原理

试验采用DDS－70型微机控制电磁式振动三轴仪，标准试样是直径为39.1mm，高度为80mm的圆柱体。在试样安装完毕、动荷载施加之前，应首先对RST混合土试样进行固结处理，根据固结比可分为等压固结和不等压固结[69,70]。对于等压固结$K_c=1$，应力状态如图6－1所示，$\sigma_{1c}=\sigma_{3c}=\sigma_0$，这时，在45°平面上的正应力$\sigma_n=\sigma_0$，切应力$\tau_0=0$。固结完成后，围压$\sigma_{3c}$保持不变，在轴向施加周期荷载$\pm\sigma_d$，此时，45°平面上的剪应力变为$\pm\sigma_d/2$。不等压固结即$K_c\neq 1$，RST混合土试样在轴压$\sigma_{1c}$和围压$\sigma_{3c}$的共同作用下进行固结，此时的应力状态如图6－2所示，45°平面上的法向应力为$\sigma_0=(\sigma_{1c}+\sigma_{3c})/2$，切应力为$\tau_0=(\sigma_{1c}-\sigma_{3c})/2$。固结完成后，施加周期荷载$\pm\sigma_d$，此时，45°平面上的周期剪应力为$\pm\sigma_d/2$。

当对受初始静力作用的RST混合土试样施加动应力时，可分为拉、压半周两种情况进行研究。RST混合土试样进行等压固结时，动应力为压半周，RST混合土试样相当于处于三轴压缩的应力状态，动

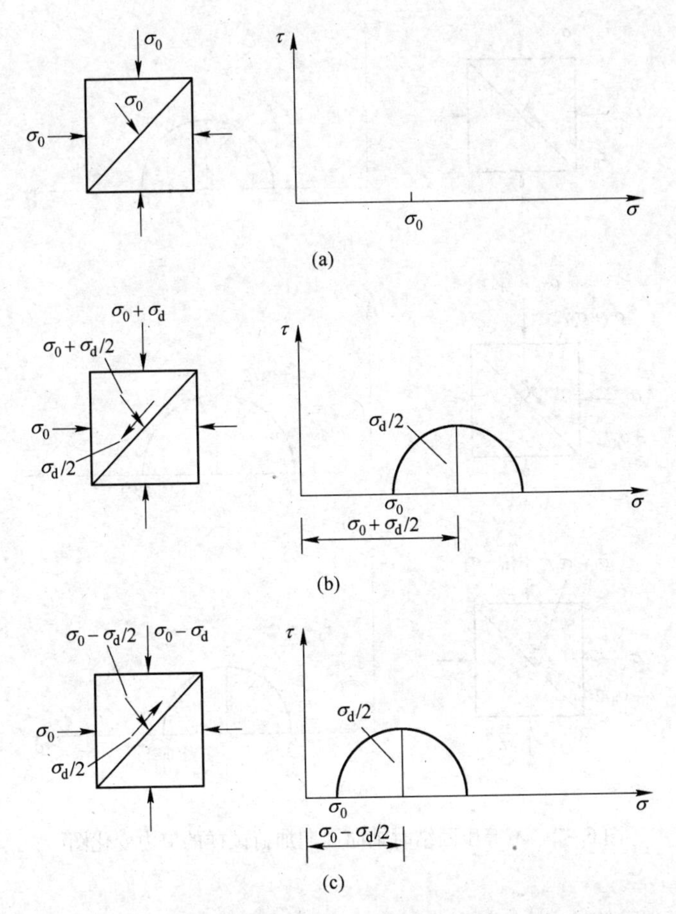

图 6－1 等压固结时轴向周期加荷试样的应力变化图

应力为拉半周，RST 混合土试样相当于三轴拉伸的应力状态，因此，45°平面上的剪切应力会产生周期性的方向变化，但大小仍为 $\sigma_d/2$。RST 混合土试样进行不等压固结且固结比 $K_c>1$ 时，动应力为压半周，RST 混合土试样相当于处于三轴压缩的应力状态，但当动应力为拉半周时，RST 混合土试样的应力状态可能为三轴压缩也可能为三轴拉伸，这主要取决于 σ_{1c} 和 σ_{3c} 的大小。当 $\sigma_d<\sigma_{1c}-\sigma_{3c}$ 时，RST 混合土试样相当于处于三轴压缩的应力状态，45°方向平面的剪切应力只

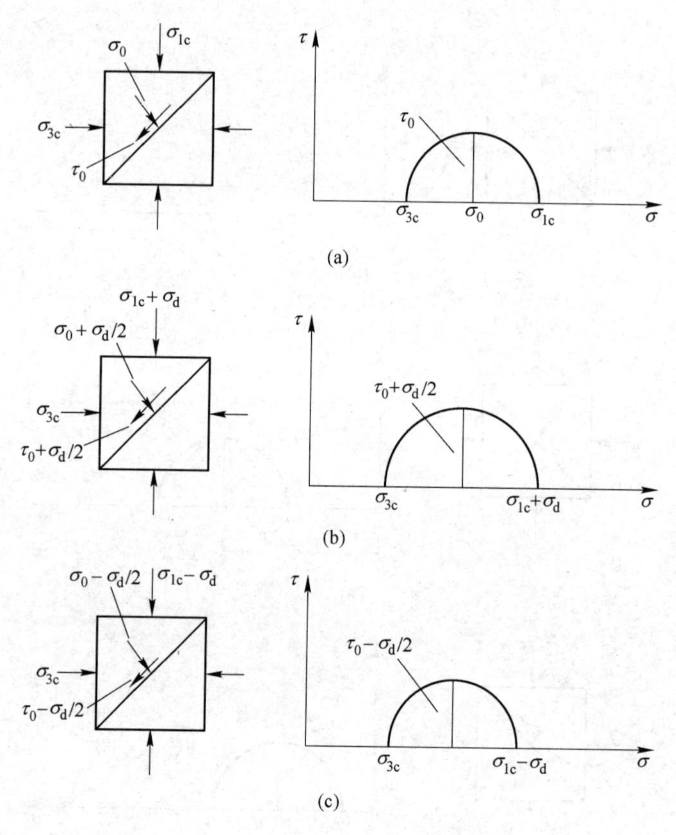

图 6－2　不等压固结时轴向周期加荷试样的应力变化图

是大小改变而方向不变；当 $\boldsymbol{\sigma}_d > \boldsymbol{\sigma}_{1c} - \boldsymbol{\sigma}_{3c}$ 时，轴向应力小于侧向应力，RST 混合土试样处于挤压拉伸应力状态，45°方向平面上的剪切应力方向改变。因此，不等压固结时，$\boldsymbol{\sigma}_d$ 与 $\boldsymbol{\sigma}_{1c} - \boldsymbol{\sigma}_{3c}$ 的相对大小影响土体的强度大小。

6.2.2　动三轴试验系统

本次动三轴试验所用仪器主要是 DDS－70 微机控制电磁式振动三轴试验系统，如图 6－3 所示。DDS－70 微机控制电磁式振动三轴试验系统是研究土的动力特性的实验室设备，可做砂土液化试验和各种土的动弹性模量、动强度及阻尼特性试验，配上电控阀，还可做循环荷载试验。该系统主要由微机系统、静压控制系统、电控系统和主机组成。主机主要由压力室、激振器组成；电控系统指电气控制柜，主要由测量放大器和功率放大器两部分组成；静压控制系统主要由轴压、围压、反压、固结排水等系统组成。

图 6 - 3 DDS - 70 型动三轴试验系统

1—微机系统；2—电控系统；3—主机系统；4—静压控制系统；5—气泵

DDS - 70 型微机控制电磁式振动三轴试验系统主要由主机、电控系统、静压控制系统和微机系统等组成，工作原理是将圆柱形土试样置于三轴室内的上下活塞之间。通过气体压力对试样施加轴向、侧向静压力。激振器和功率放大器将微机系统提供的一定频率、幅值的电讯号转换为轴向激振力，经下活塞施加至土样上。测量系统将振动过程中的力、位移、孔隙水压力值记录下来。微机系统对试验进行控制和对试验数据进行处理，并输出试验结果报告。

6.2.3 试验步骤

试验步骤如下：

(1) 准备工作。打开气泵进行充气，使气缸中的压力达到 0.8MPa，取下压力室罩，打开排水阀并拧松孔压传感器上的螺丝，将管路中的空气排出后，关闭排水阀并拧紧孔压传感器上的螺丝。

（2）安装试样。将养护至设计龄期的RST混合土试样从养护箱中取出，称取质量后，装回饱和器并放入真空抽气泵中进行抽真空饱和（抽真空饱和器如图6－4所示），抽真空1.5h后继续放置24h，然后将试样取出，放到压力室活塞上进行装样，如图6－5所示。装样完毕后，安装压力室罩并拧紧，连接传感器缆线。

图6－4 抽真空饱和器

（3）系统调零。打开电控系统和微机系统，进入动三轴试验系统，进行试验系统调零。分别转动电气控制柜上的轴向力、位移、围压、孔压、体变等旋钮进行调零。

（4）试样饱和固结。转动加压进水旋钮，使压力表的示值小于0.2MPa，并打开压力室进水阀进行压力室充水，充水至水没过试样后，关闭阀门，卸载压力。在微机系统中输入拟施加的围压大小，进行围压的施加并测试RST混合土试样的饱和度。若发现RST混合土试样没有达到饱和，可再施加反压，进行反压饱和。RST混合土试样饱和后施加预设轴压进行排水固结。

（5）振动试验。进行振动试验前，首先将轴向位移和轴向力进行调零，然后在试验系统中选择拟施加动荷载的波形、频率、应力幅值等，并开始试验。

图 6-5 试样安装

（6）试验结束。试验运行结束后，先卸轴压，待压力室内的水排出后再卸载围压，关闭电气控制柜，取下压力室罩，将试样取出。

（7）数据处理。在微机系统中进入绘图菜单，将所需曲线输出并汇总，如图 6-6 所示。

6.2.4 动变形试验加载方案

固结压力是影响土的力学特性的重要因素之一，通过研究固结压力，可以确定 RST 混合土的适宜地基深度。进行动变形试验时，围压分别取为 50kPa，100kPa，150kPa 和 200kPa，进行动强度试验时，围压分别取为 50kPa，100kPa 和 150kPa，等压固结即固结比 K_c = 1.0。RST 混合土在工程应用中难免会受到不同频率荷载的作用，因此，研究频率对 RST 混合土动力特性的影响规律也是十分必要的，本次试验主要研究了三种频率，即 1.0Hz，2.0Hz 和 4.0Hz，主要是根据实测地震时变曲线得到的地震荷载基频而确定的，加载类型采用正弦波二维循环加载。动变形试验分 5 级逐级加载，轴向动荷载以动剪应力比为标准，动剪应力比 s（见式（6-1））分别取为 0.1，

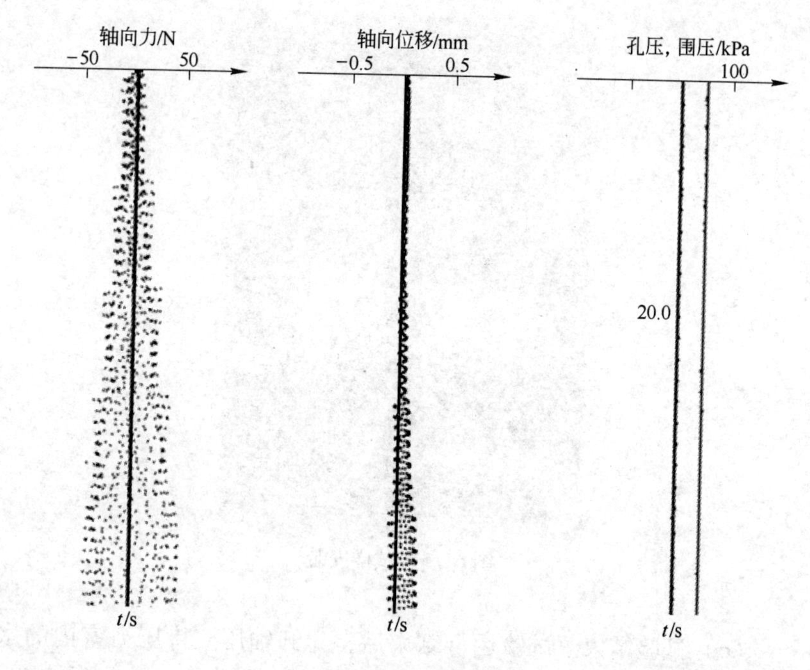

图6－6 变形试验时变曲线

0.2，0.3，0.4和0.5，每级荷载加载10周，具体加载方案列于表6－2。

动剪应力比 s 定义为：

$$s=\frac{\sigma_{d}}{2\sigma_{c}} \tag{6-1}$$

式中，σ_{d} 为动应力幅值；σ_{c} 为固结压力。

表6－2 动变形试验加载方案

围压/kPa	50，100，150，200
动剪应力比 s	0.1，0.2，0.3，0.4，0.5
加载周数	10
振动频率/Hz	1.0，2.0，4.0

6.3 RST 混合土的动变形试验结果分析

土的动变形特性主要反映在动应力－应变骨干曲线、动弹性模量及阻尼比方面，本节详细介绍 RST 混合土的动变形试验结果，并对试验结果进行分析。土的动应力－应变骨干曲线主要反映了土体随荷载施加的变形情况和本构模型，是土重要的动力特性之一。土的动弹性模量和等效阻尼比也是土体动力特性的重要参数，同时，也是实际工程中常用的力学参数。在循环加载试验中，每个应力循环过程都会得到一个滞回圈，如图 6－7 所示，将滞回圈的顶点进行连线便可得到动应力－应变骨干曲线。

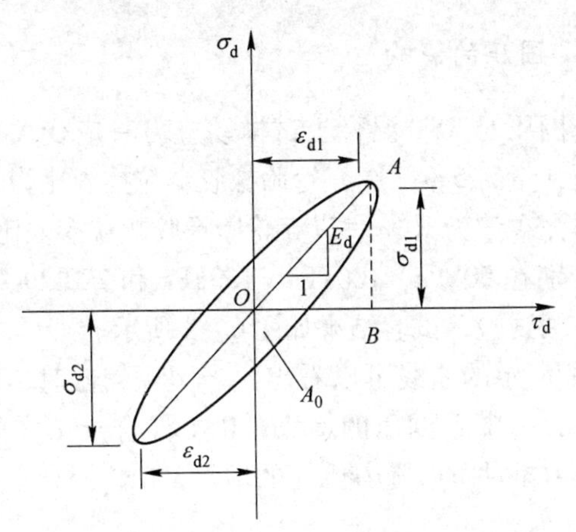

图 6－7 滞回圈

本次试验中动弹性模量及等效阻尼比的定义如下[71]：

$$E_d = \frac{\sigma_{d1} + \sigma_{d2}}{\varepsilon_{d1} + \varepsilon_{d2}} \tag{6-2}$$

$$\lambda_d = \frac{A_0}{4\pi A_1} \tag{6-3}$$

式中，σ_{d1} 和 σ_{d2} 分别为循环荷载的轴向压应力和轴向拉应力；ε_{d1} 和 ε_{d2} 分别为轴向压应力和轴向拉应力所对应的动应变；A_0 是滞回圈的面积；A_1 是三角形 AOB 的面积。

6.3.1 RST混合土动应力－应变关系曲线的影响因素分析

循环荷载作用下土体应力－应变关系的显著特点是滞后性和非线性，在逐级加载过程中，不同应力水平循环过程都会得到一个应力－应变滞回圈，将这些滞回圈的顶点连起来，就得到了土的应力－应变骨干曲线。应力－应变骨干曲线反映了土体在动荷载作用下的应力－应变关系特点。本试验取每级循环荷载的第一周滞回圈的顶点连线作为动应力－应变骨干曲线。考虑到RST混合土组成的复杂性，重点研究了围压、橡胶颗粒含量、水泥含量及振动频率对动应力－应变曲线的影响。

6.3.1.1 围压的影响

为了研究围压对RST混合土试样动应力－应变关系曲线的影响规律，将水泥含量为5%、废弃轮胎橡胶颗粒掺入比为1.0的RST混合土试样和水泥含量为10%、废弃轮胎橡胶颗粒掺入比为0.5的RST混合土试样分别在50kPa，100kPa，150kPa和200kPa四种围压作用下进行了动三轴试验，试验结果如图6－8所示。

由图6－8所示的曲线可以看出，当围压较低时，RST混合土试样的强度很低，但随着围压的增大，RST混合土试样的强度逐渐增大；在相同应力条件下，随着围压的增大，RST混合土试样产生的应变逐渐减小。

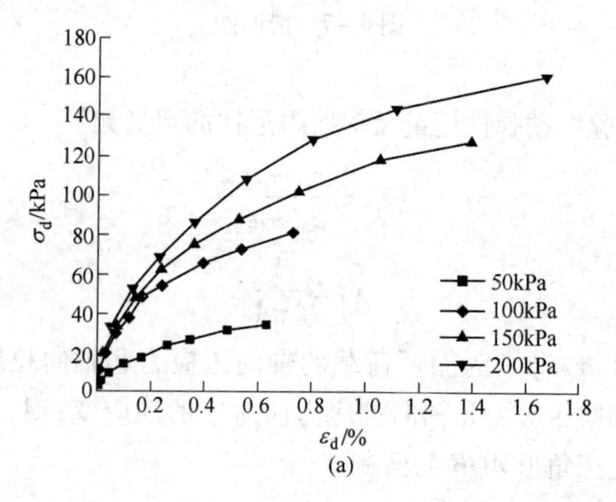

(a)

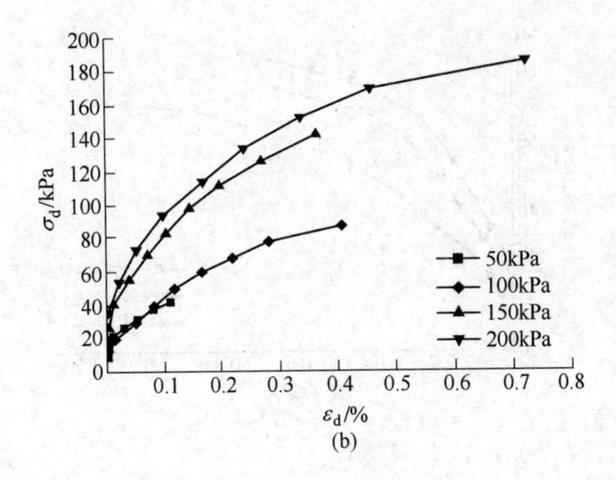

图6-8 不同围压时 RST 混合土试样的动应力-应变关系曲线
(a) 水泥含量5%，橡胶颗粒掺入比1.0；(b) 水泥含量10%，橡胶颗粒掺入比0.5

6.3.1.2 废弃轮胎橡胶颗粒含量的影响

为了研究废弃轮胎橡胶颗粒含量对 RST 混合土试样动应力-应变关系曲线的影响规律，分别对三种配合比的 RST 混合土试样进行了动三轴试验，这三种试样的水泥含量均为10%，废弃轮胎橡胶颗粒掺入比 V_r/V_s 分别为0.5，1.0和1.5，围压分别取为50kPa，100kPa，150kPa和200kPa，试验结果如图6-9所示。

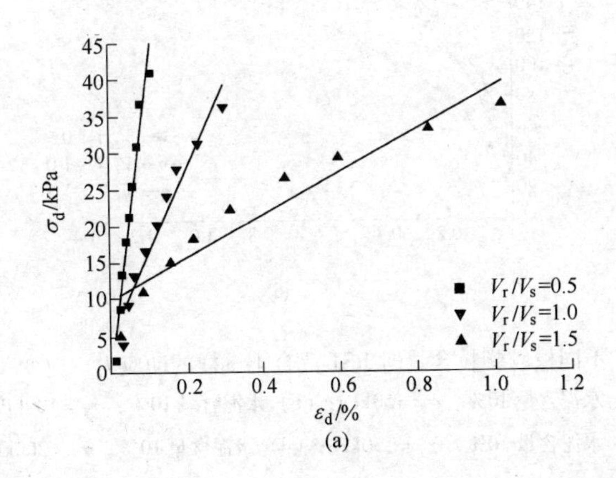

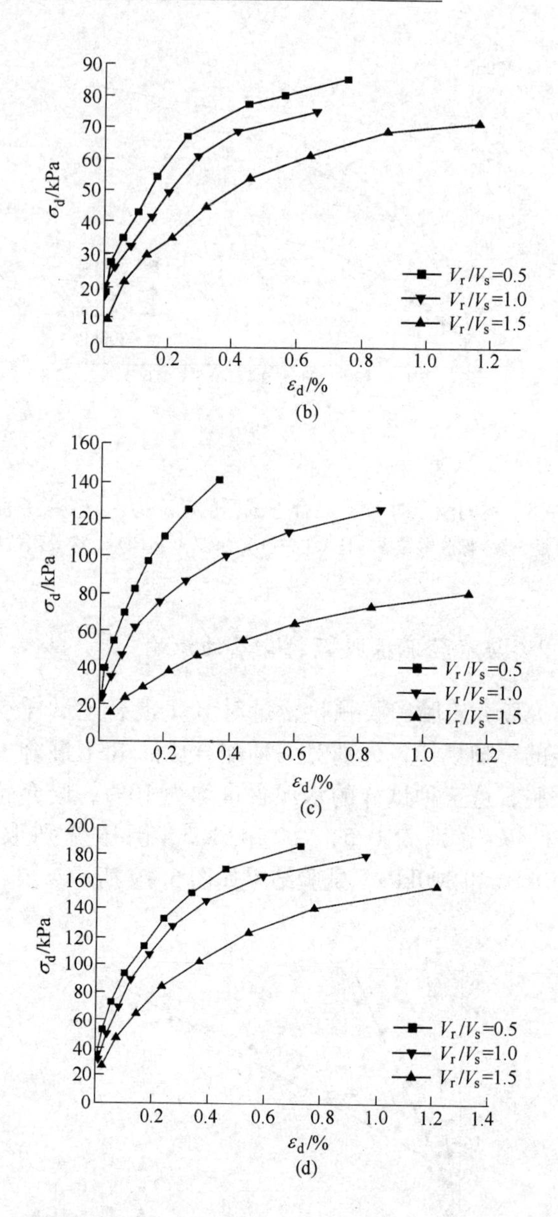

图6-9 不同橡胶颗粒含量时RST混合土试样的动应力-应变关系曲线

(a) 水泥含量10%，σ_3 = 50kPa；(b) 水泥含量10%，σ_3 = 100kPa；

(c) 水泥含量10%，σ_3 = 150kPa；(d) 水泥含量10%，σ_3 = 200kPa

由图 6－9 所示的曲线可以看出，在同一围压条件下，随着废弃轮胎橡胶颗粒含量的增多，RST 混合土试样的强度逐渐降低，在相同应力条件下所产生的应变逐渐增大。

出现以上这种现象的主要原因是，RST 混合土是通过水泥将砂、废弃轮胎橡胶颗粒胶结在一起的，随着废弃轮胎橡胶颗粒含量的增大，水泥的胶结能力相对减弱，RST 混合土试样中的孔隙增多，从而削弱了 RST 混合土试样的整体性，并产生了薄弱面。因此，在动荷载作用下，RST 混合土试样很快产生了较大变形并发生破坏。

由图 6－9 所示的曲线还可以看出，在低围压条件下，不同配合比的 RST 混合土试样的动应力－应变关系曲线基本符合线性关系，而在高围压条件下，不同配合比的 RST 混合土试样的动应力－应变曲线符合双曲线形式，即满足下式：

$$\sigma_d = \frac{\varepsilon_d}{a + b\varepsilon_d} \tag{6-4}$$

式中，参数 a 和 b 均为与围压、配合比有关的材料参数。

6.3.1.3 水泥含量的影响

当废弃轮胎橡胶颗粒含量分别为 0.5，1.0 和 1.5 时，不同水泥含量条件下的 RST 混合土试样的动应力－应变关系曲线如图 6－10 所示。

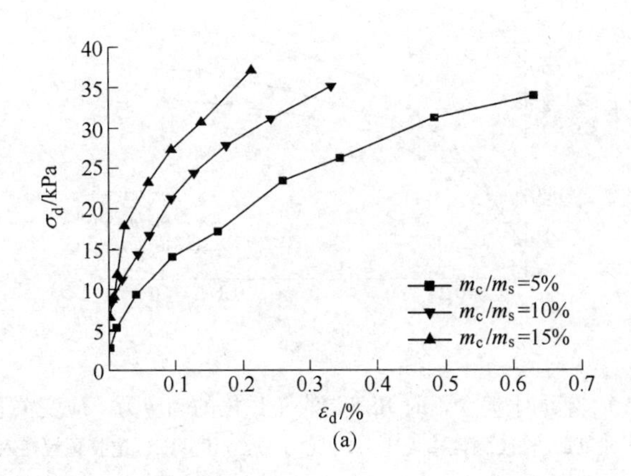

(a)

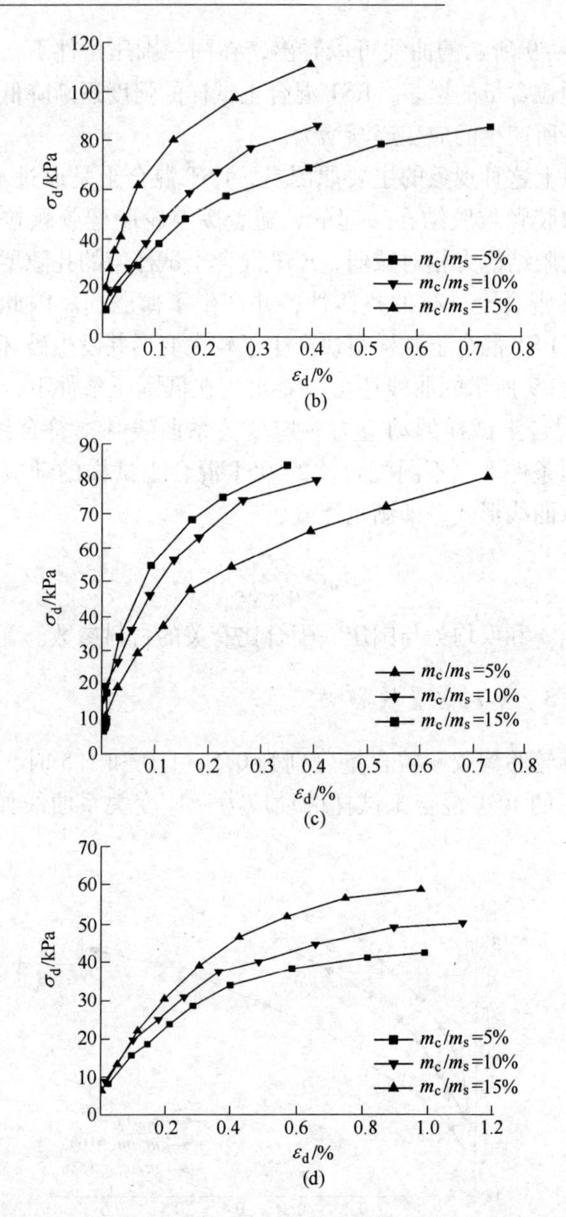

图6－10 不同水泥含量时RST混合土试样的动应力－应变关系曲线

（a）$\sigma_3=50$kPa，橡胶颗粒掺入比1.0；（b）$\sigma_3=100$kPa，橡胶颗粒掺入比0.5；

（c）$\sigma_3=100$kPa，橡胶颗粒掺入比1.0；（d）$\sigma_3=100$kPa，橡胶颗粒掺入比1.5

由图 6－10 所示的各组曲线可以看出，水泥含量对 RST 混合土试样动应力－应变关系曲线的影响较大，随着水泥含量的增多，相同应力水平条件下 RST 混合土试样产生的动应变越来越小。同时，水泥含量对 RST 混合土试样的动应力－应变关系曲线的影响程度还与废弃轮胎橡胶颗粒的含量有关，即在相同应力条件下，废弃轮胎橡胶颗粒含量越多，水泥含量对 RST 混合土试样动应力－应变关系曲线的影响越小。

6.3.1.4 振动频率的影响

不同振动频率下，RST 混合土试样的动应力－应变关系曲线如图 6－11 所示。由图中所示的曲线可以看出，不同振动频率下的 RST 混

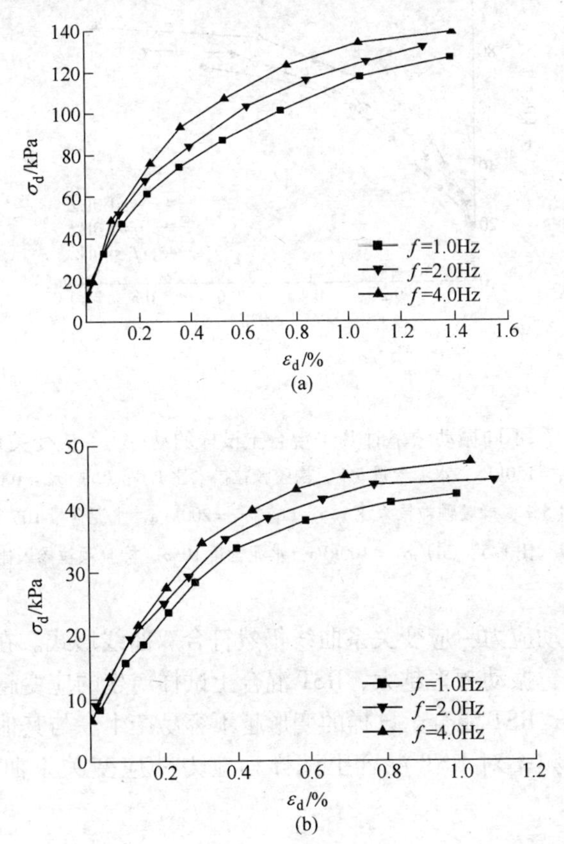

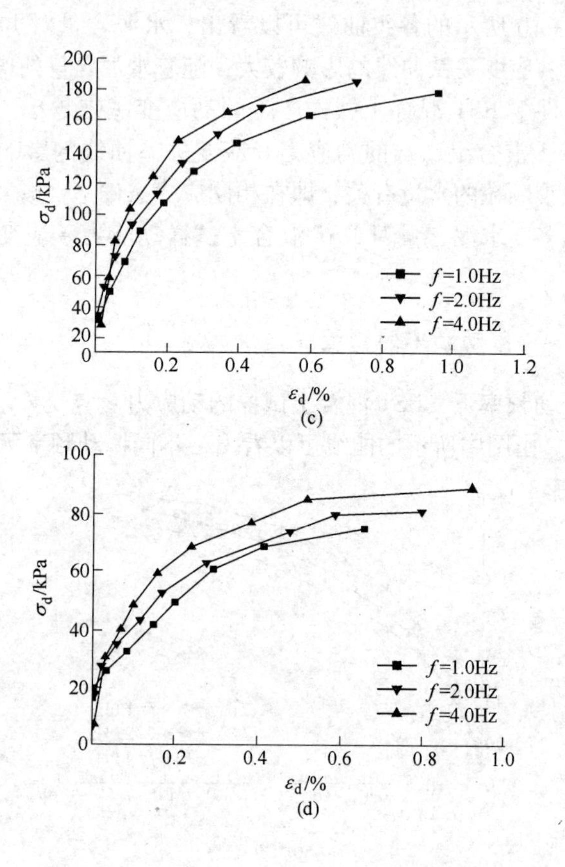

图6-11 不同振动频率时RST混合土试样的动应力-应变关系曲线

（a）$\sigma_3=150\text{kPa}$，水泥含量5%，橡胶颗粒掺入比1.0；（b）$\sigma_3=100\text{kPa}$，水泥含量5%，橡胶颗粒掺入比1.5；（c）$\sigma_3=200\text{kPa}$，水泥含量10%，橡胶颗粒掺入比1.5；（d）$\sigma_3=100\text{kPa}$，水泥含量10%，橡胶颗粒掺入比1.5

合土试样的动应力-应变关系曲线仍然符合双曲线形式。在同一应力水平条件下，振动频率越大，RST混合土试样产生的应变越小，即振动频率越大，RST混合土试样的变形越不容易产生。与其他影响因素相比，振动频率对RST混合土试样动应力-应变关系曲线的影响较小。

6.3.2 RST 混合土动弹性模量的影响因素分析

在循环加载试验过程中，每次应力循环均得到1个滞回圈，滞回圈顶点连线的斜率即为该周应力循环的割线动弹性模量 E_d。在动荷载作用下，土体中的孔隙水压力将会升高，并且产生不可恢复的变形，土体的动弹性模量将会不断衰减。影响土的动弹性模量的主要因素有孔隙比、平均有效主应力和应变幅。RST 混合土是由砂土、水泥、废弃轮胎橡胶颗粒和水这四种原材料混合而成的，本节着重讨论围压、水泥含量、废弃轮胎橡胶颗粒含量以及振动频率对 RST 混合土试样动弹性模量衰减的影响规律。

6.3.2.1 围压的影响

为了研究围压对 RST 混合土试样动弹性模量的影响，取两组试样分别进行了试验研究，这两组 RST 混合土试样的水泥含量均为10%，废弃轮胎橡胶颗粒掺入比分别为 $V_r/V_s=0.5$，1.0，围压分别取为50kPa，100kPa，150kPa 和 200kPa，试验结果如图 6－12 所示。

由图 6－12 所示的曲线可以看出，在相同应变条件下，RST 混合土试样的动弹性模量随着围压的增大而增大，这主要是因为，围压越大，RST 混合土试样内部的孔隙越小，颗粒间的咬合力越大，抵抗变形的能力越大，主要表现为试样变硬、动弹性模量增大。相反，围压越小，RST 混合土试样的动弹性模量在小应变范围内下降的速度越快，随着动应变的积累，RST 混合土试样的动弹性模量逐渐减小，直至趋于一个稳定值，这是因为 RST 混合土试样的应变较大，试样内部结构受到破坏，试样的刚度达到最小。

6.3.2.2 水泥含量的影响

为了研究水泥含量对 RST 混合土试样动弹性模量的影响规律，分别取废弃轮胎橡胶颗粒掺入比为 0.5，1.0 和 1.5 的 RST 混合土试样进行试验，试验时的围压分别取为 50kPa 和 100kPa，RST 混合土试样的水泥含量分别取为5%，10%和15%。不同水泥含量时 RST 混合土试样的 $E_d-\varepsilon_d$ 曲线如图 6－13 所示。

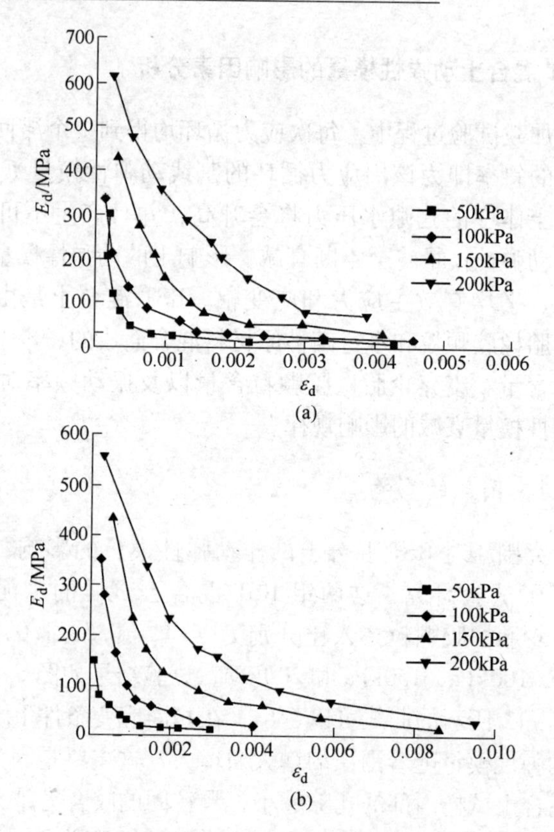

图 6-12 不同围压时 RST 混合土试样的 $E_d - \varepsilon_d$ 曲线

（a）水泥含量 10%，橡胶颗粒掺入比 0.5；（b）水泥含量 10%，橡胶颗粒掺入比 1.0

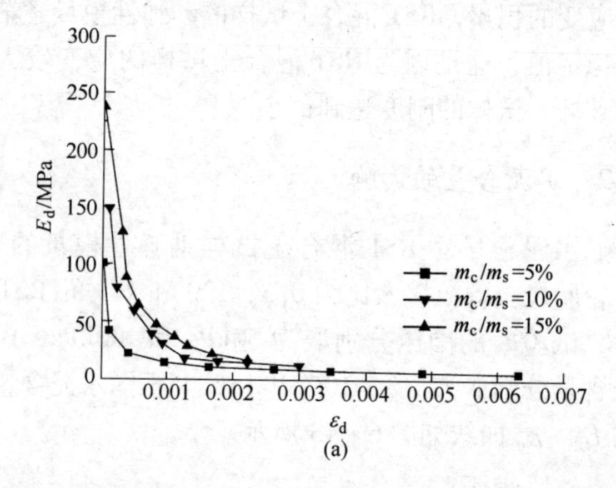

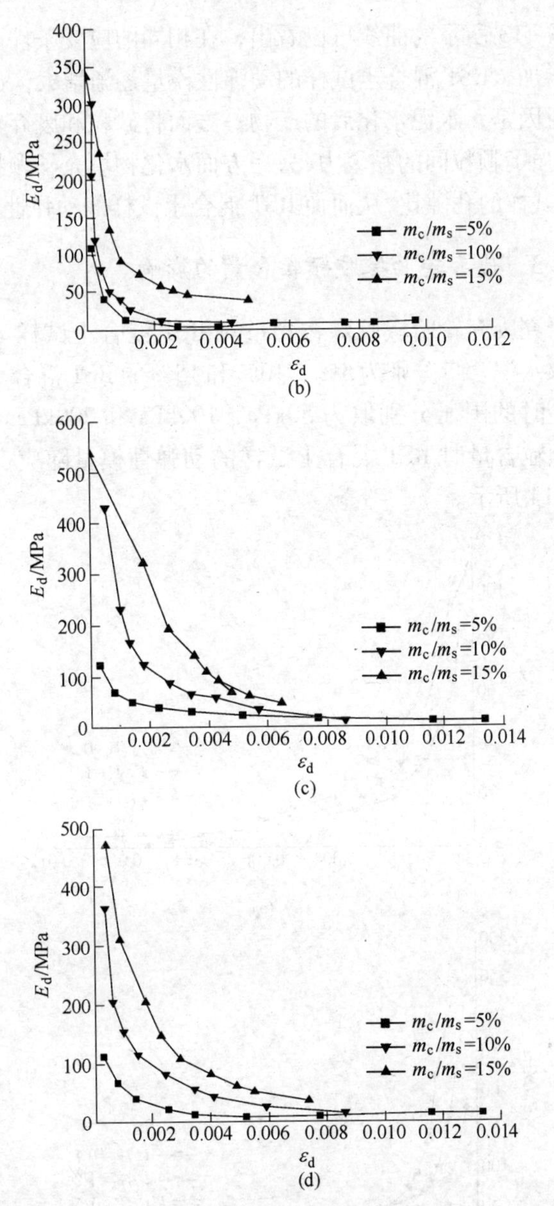

图 6－13 不同水泥含量时 RST 混合土试样的 $E_d-\varepsilon_d$ 曲线

（a）橡胶颗粒掺入比 1.0，σ_3 =50kPa；（b）橡胶颗粒掺入比 0.5，σ_3 =50kPa；（c）橡胶颗粒掺入比 1.0，σ_3 =100kPa；（d）橡胶颗粒掺入比 1.5，σ_3 =100kPa

由图6-13所示的曲线可以看出，在相同的应变条件下，随着水泥含量的增加，RST混合土试样的动弹性模量逐渐增大，出现这种现象的主要原因是，水泥水化后的产物一方面将砂粒和废弃轮胎橡胶颗粒包裹，增强了颗粒间的黏聚力，另一方面水化物填充了颗粒之间的空隙，减小了试样的孔隙比，从而使RST混合土试样的动弹性模量增大。

6.3.2.3 废弃轮胎橡胶颗粒含量的影响

为了研究废弃轮胎橡胶颗粒含量对RST混合土试样动弹性模量的影响，取水泥含量分别为5%，10%和15%的RST混合土试样进行试验，试验时的围压分别取为50kPa，100kPa和200kPa。不同废弃轮胎橡胶颗粒含量时RST混合土试样的动弹性模量随应变的变化曲线如图6-14所示。

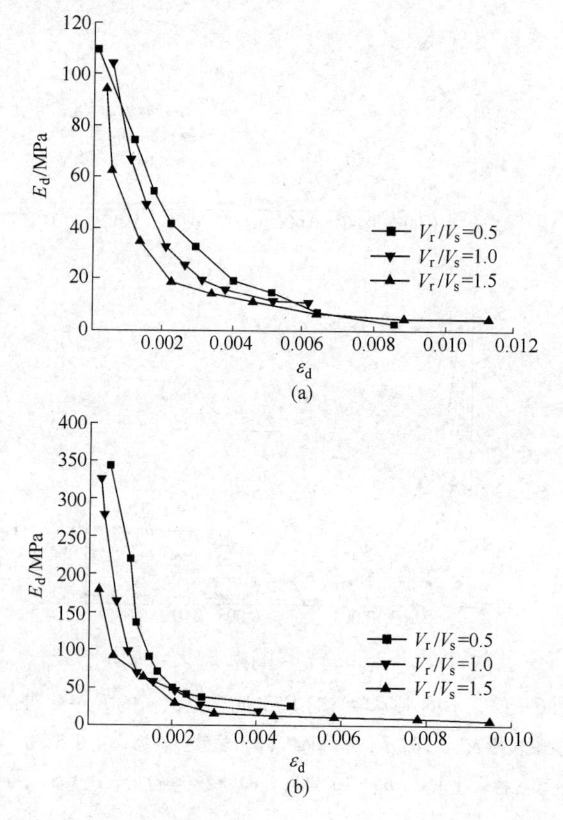

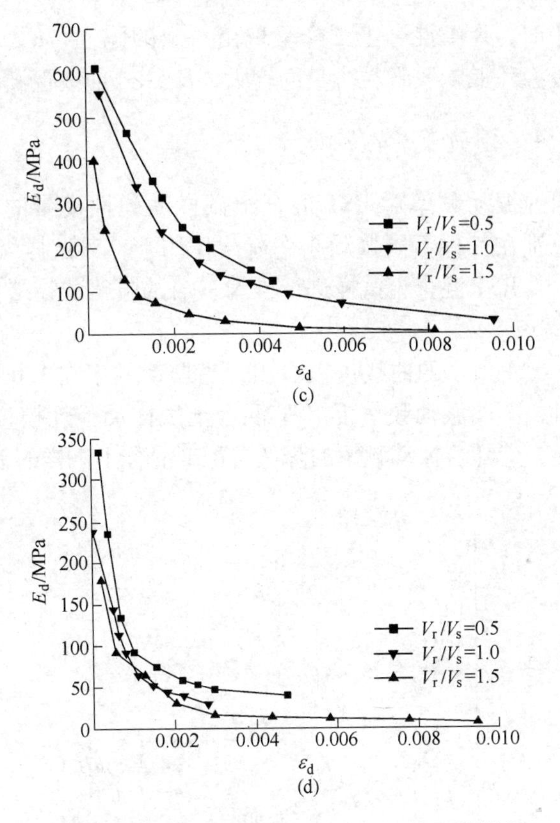

图 6-14 不同废弃轮胎橡胶颗粒含量时 RST 混合土试样的 $E_d-\varepsilon_d$ 曲线

（a）水泥含量 5%，$\sigma_3=50$kPa；（b）水泥含量 10%，$\sigma_3=100$kPa；

（c）水泥含量 10%，$\sigma_3=200$kPa；（d）水泥含量 15%，$\sigma_3=50$kPa

由图 6-14 所示的曲线可以看出，不同废弃轮胎橡胶颗粒含量时 RST 混合土试样的 $E_d-\varepsilon_d$ 曲线的变化趋势相似，即随着废弃轮胎橡胶颗粒含量的增大，RST 混合土试样的动弹性模量逐渐减小。这主要是因为，废弃轮胎橡胶颗粒的含量越大，RST 混合土试样中其他原材料所占的比例就越小，水泥的含量也就越少，原料土与废弃轮胎橡胶颗粒之间的胶结作用就会下降，从而表现为在动荷载作用下 RST 混合土试样的强度降低，RST 混合土的硬度变小，即动弹性模量变小。由图中所示的曲线还可以看出，在小应变范围内，当废弃轮胎橡胶颗粒含量较小时，RST混合土试样呈现出一定的脆性，$E_d-\varepsilon_d$ 曲线较陡，随着废弃轮胎橡胶颗粒含量的增大，$E_d-\varepsilon_d$ 曲线逐渐趋于平缓。

6.3.2.4 振动频率的影响

为了研究振动频率对RST混合土试样动弹性模量的影响规律，本次试验分别在三种不同振动频率荷载作用下，对试样编号为T13，T22和T23的RST混合土试样进行了动三轴试验，试验结果如图6－15所示。

由图6－15所示的曲线可以看出，当振动频率在1.0～4.0Hz范围内变化时，不同振动频率下RST混合土试样动弹性模量的变化趋势基本相同，即随着振动频率的降低，RST混合土试样的动弹性模量

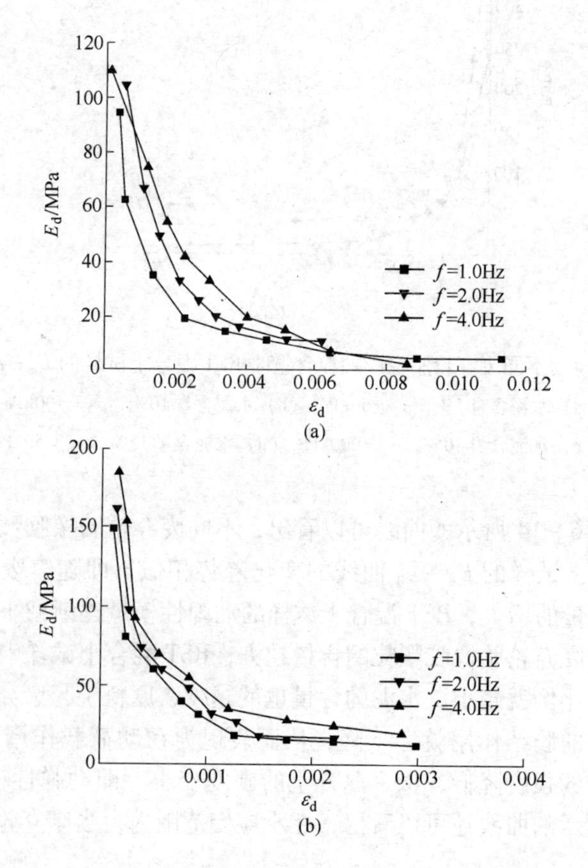

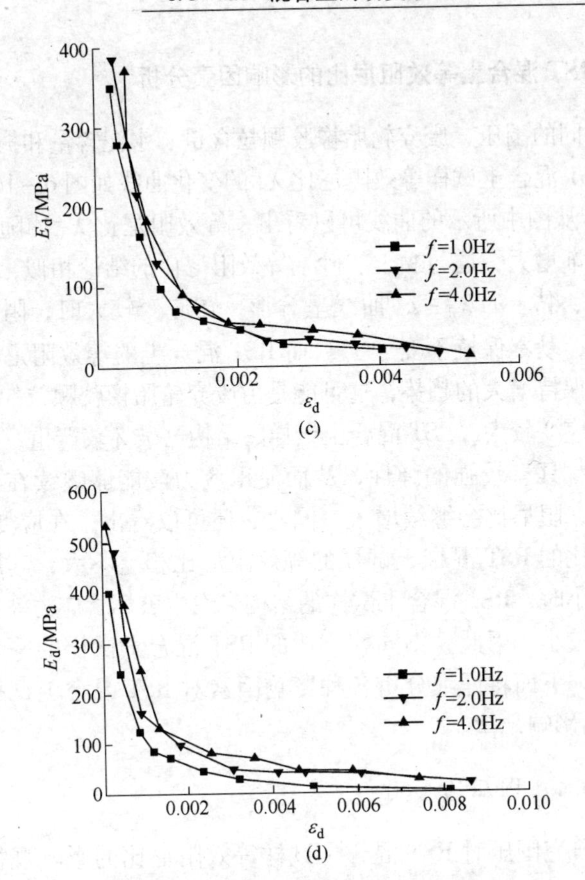

图 6-15 不同振动频率时 RST 混合土试样的 $E_d-\varepsilon_d$ 曲线

（a）$\sigma_3=50$kPa，水泥含量 5%，橡胶颗粒掺入比 1.5；（b）$\sigma_3=50$kPa，水泥含量 10%，橡胶颗粒掺入比 1.0；（c）$\sigma_3=100$kPa，水泥含量 10%，橡胶颗粒掺入比 1.0；（d）$\sigma_3=200$kPa，水泥含量 10%，橡胶颗粒掺入比 1.5

减小，且随着应变的增加，RST 混合土试样的动弹性模量逐渐减小。当应变较小时，RST 混合土试样的动弹性模量衰减得较快，随着应变的增加，RST 混合土试样动弹性模量的衰减速度变小，最后趋于一个稳定值。从图中所示的曲线还可以看出，振动频率对 RST 混合土试样的动弹性模量也有一定的影响，但影响不明显，总体影响趋势是，随着振动频率的增大，RST 混合土试样的动弹性模量增大。

6.3.3 RST混合土等效阻尼比的影响因素分析

在不同的围压、废弃轮胎橡胶颗粒含量、水泥含量和振动频率条件下，RST混合土试样等效阻尼比λ_d的变化曲线如图6-16~图6-19所示，从图中所示的曲线可以看出，等效阻尼比λ_d均随着应变的积累而逐渐增大，这与黏土、砂土等效阻尼比的结论相似，但也有不同，砂土、黏土的$\lambda_d-\varepsilon_d$曲线呈S形，在应变较大时，阻尼比不再继续增大，基本保持不变[72,73]。而RST混合土的等效阻尼比在应变较大时仍保持增大的趋势，这可能是由废弃轮胎橡胶颗粒的掺入引起的，即使应变较大，RST混合土试样的结构已破坏较严重，但废弃轮胎橡胶颗粒具有较强的弹性，从而使得应力波能够继续在试样中传播，因此，阻尼比会继续增大。同时，还可以看出，在应变较小时，不同配合比的RST混合土试样的等效阻尼比相差不大，其原因可能是应变很小时，RST混合土试样的结构未发生破坏，应力波在传播过程中损失较小，因此，不同配合比的RST混合土试样的等效阻尼比相差很小。下面将详细分析各种影响因素对RST混合土试样等效阻尼比λ_d的影响规律。

6.3.3.1 围压的影响

为了研究围压对RST混合土试样等效阻尼比的影响规律，对试样编号分别为T21和T22的RST混合土试样进行了不同围压下的动三轴试验，试验结果如图6-16所示。

由图6-16所示的曲线可以看出，不同围压下RST混合土试样的等效阻尼比具有相同的变化趋势，即随着应变的增加，等效阻尼比增大，这是因为随着应变的积累，土颗粒之间的摩擦力增加，能够消散更多的能量。随着围压的增大，RST混合土试样的等效阻尼比不断减小，且不同围压条件下RST混合土试样的等效阻尼比在0~0.3之间。

6.3.3.2 废弃轮胎橡胶颗粒含量的影响

废弃轮胎橡胶颗粒的弹性比一般土体要好，受到动荷载作用时能

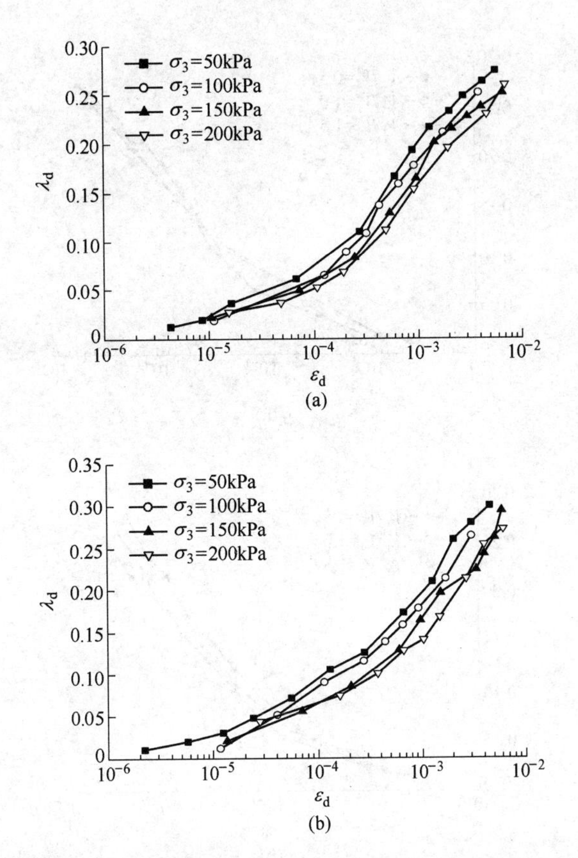

图 6－16 不同围压下 RST 混合土试样的等效阻尼比

（a）水泥含量 10%，橡胶颗粒掺入比 0.5；（b）水泥含量 10%，橡胶颗粒掺入比 1.0

够吸收部分能量，将其应用于岩土工程中可以达到一定的减震效果。为了验证并系统地研究废弃轮胎橡胶颗粒的掺量对 RST 混合土试样等效阻尼比的影响规律，对不同配合比的 RST 混合土试样进行了动三轴试验研究，试验所得结果如图 6－17 所示。

由图 6－17 所示的曲线可以看出，RST 混合土试样的等效阻尼比一般在 0～0.3 之间，不同废弃轮胎橡胶颗粒掺入比时 RST 混合土试样的阻尼比非常接近。与围压、水泥含量对 RST 混合土试样等效阻尼比的影响程度相比，废弃轮胎橡胶颗粒掺入比对 RST 混合土试样

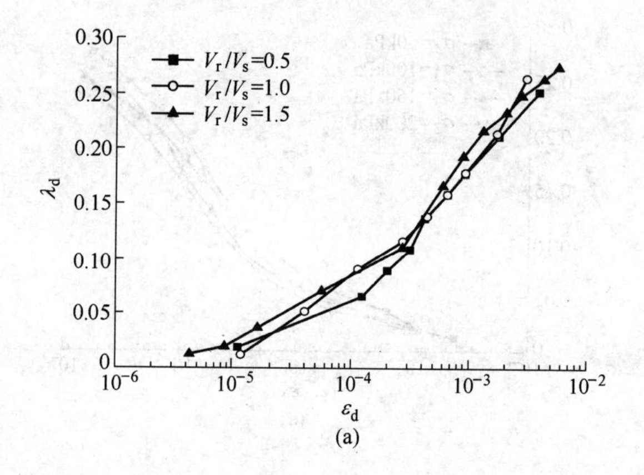
V_r/V_s=0.5
V_r/V_s=1.0
V_r/V_s=1.5
λ_d
0.30
0.25
0.20
0.15
0.10
0.05
0
10^{-6}
10^{-5}
10^{-4}
10^{-3}
10^{-2}
ε_d
(a)

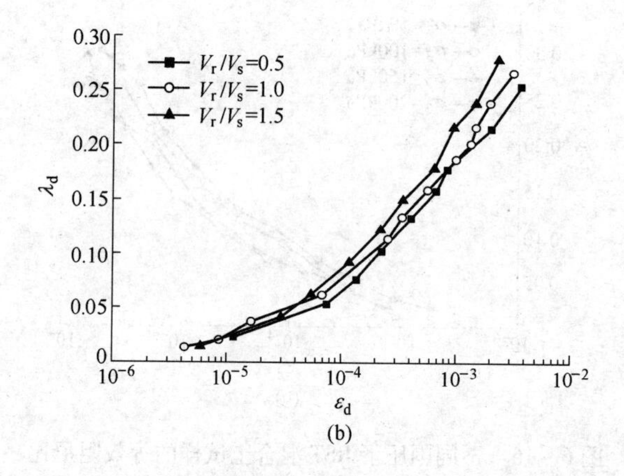
V_r/V_s=0.5
V_r/V_s=1.0
V_r/V_s=1.5
λ_d
0.30
0.25
0.20
0.15
0.10
0.05
0
10^{-6}
10^{-5}
10^{-4}
10^{-3}
10^{-2}
ε_d
(b)

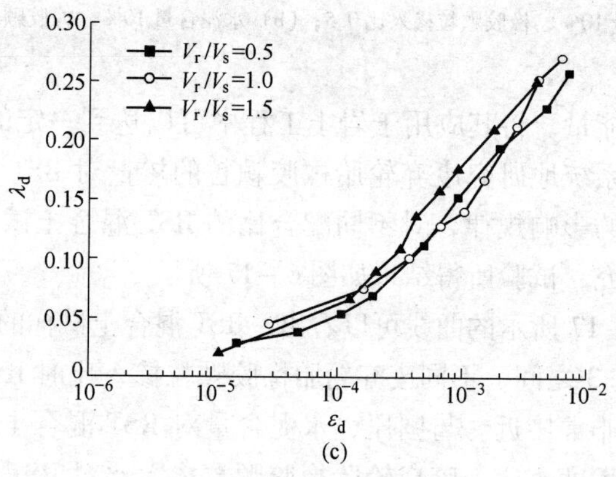
V_r/V_s=0.5
V_r/V_s=1.0
V_r/V_s=1.5
λ_d
0.30
0.25
0.20
0.15
0.10
0.05
0
10^{-6}
10^{-5}
10^{-4}
10^{-3}
10^{-2}
ε_d
(c)

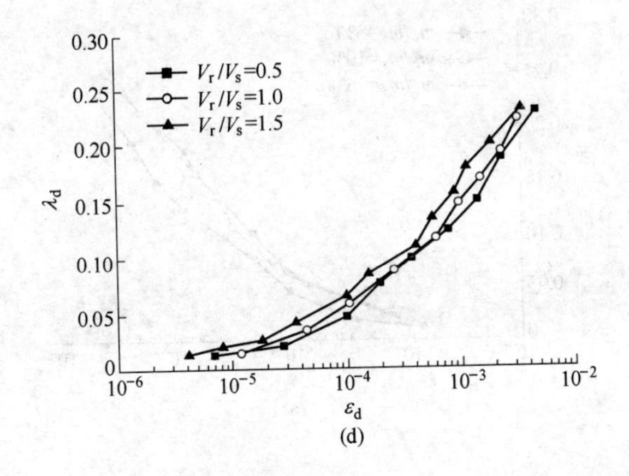

图 6-17 不同废弃轮胎橡胶颗粒含量时 RST 混合土试样的等效阻尼比
（a）σ_3 =100kPa，水泥含量 10%；（b）σ_3 =100kPa，水泥含量 5%；
（c）σ_3 =200kPa，水泥含量 10%；（d）σ_3 =100kPa，水泥含量 15%

等效阻尼比的影响较小。在不同的废弃轮胎橡胶颗粒含量条件下，虽然 RST 混合土试样的等效阻尼比很接近，但总体趋势是随着废弃轮胎橡胶颗粒含量的增多，RST 混合土试样的等效阻尼比稍微变大，这主要是由于废弃轮胎橡胶颗粒含量的增大，试样中水泥的含量相对减少，土颗粒之间的孔隙增多，RST 混合土试样受到动荷载作用时，容易发生较大的变形，应力波在试样中传播时能够消散更多的能量，因此，RST 混合土试样的阻尼比增大。

6.3.3.3 水泥含量的影响

在动三轴试验中，不同水泥含量的 RST 混合土试样的等效阻尼比随应变变化的关系曲线如图 6-18 所示。

由图 6-18 所示的曲线可以看出，与废弃轮胎橡胶颗粒含量、围压对 RST 混合土试样等效阻尼比的影响程度相比，水泥含量对 RST 混合土试样等效阻尼比的影响更为显著。在相同的废弃轮胎橡胶颗粒掺入比条件下，随着水泥含量的增加，RST 混合土试样的等效阻尼比减小。产生这种变化趋势的主要原因是水泥水化反应的结果，水泥遇

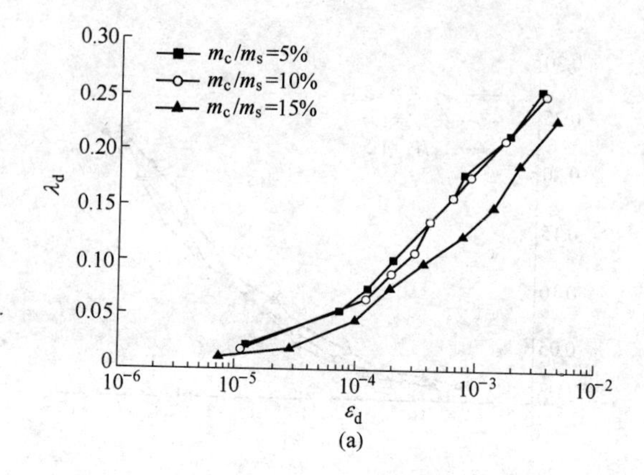

0.30
0.25
0.20
0.15
0.10
0.05
0
λ_d
10^{-6}
10^{-5}
10^{-4}
10^{-3}
10^{-2}
ε_d
m_c/m_s=5%
m_c/m_s=10%
m_c/m_s=15%

(a)

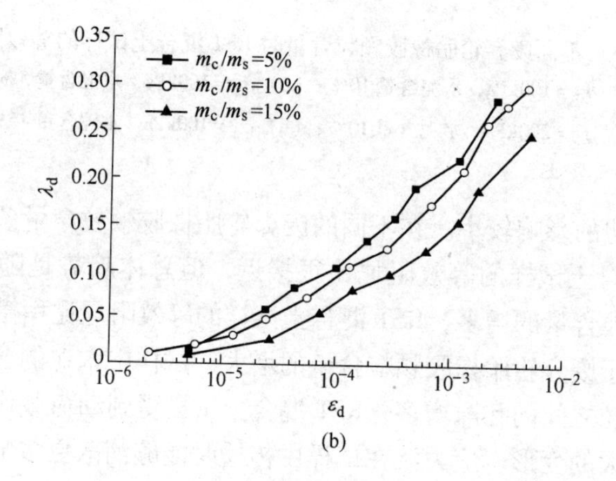

0.35
0.30
0.25
0.20
0.15
0.10
0.05
0
λ_d
10^{-6}
10^{-5}
10^{-4}
10^{-3}
10^{-2}
ε_d
m_c/m_s=5%
m_c/m_s=10%
m_c/m_s=15%

(b)

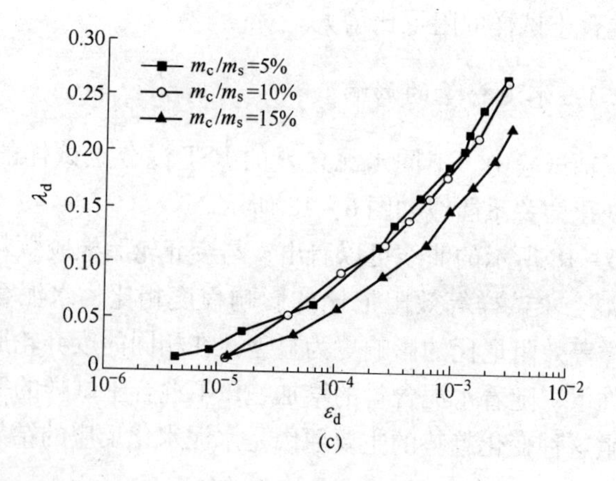

0.30
0.25
0.20
0.15
0.10
0.05
0
λ_d
10^{-6}
10^{-5}
10^{-4}
10^{-3}
10^{-2}
ε_d
m_c/m_s=5%
m_c/m_s=10%
m_c/m_s=15%

(c)

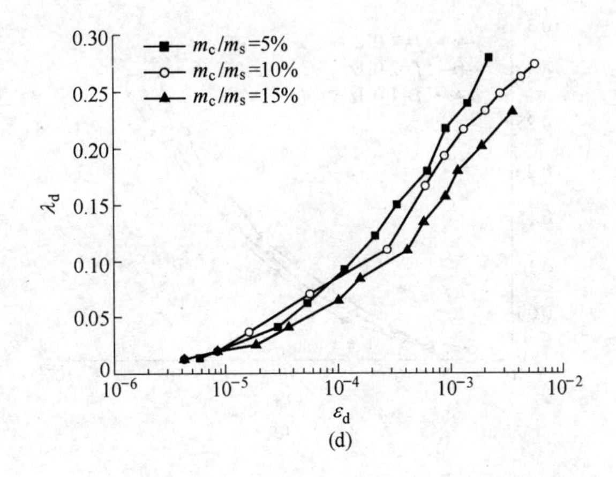

图 6-18 不同水泥含量时 RST 混合土试样的等效阻尼比

(a) σ_3 = 100kPa，橡胶颗粒掺入比 0.5；(b) σ_3 = 50kPa，橡胶颗粒掺入比 1.0；

(c) σ_3 = 100kPa，橡胶颗粒掺入比 1.0；(d) σ_3 = 100kPa，橡胶颗粒掺入比 1.5

水后发生水化反应，生成水化胶结产物，这些水化物将砂土颗粒和废弃轮胎橡胶颗粒包裹在一起，并且填充了部分颗粒之间的孔隙，因此，水泥含量越大，RST 混合土试样越密实，应力波在试样中传播时的能量损失越少，RST 混合土试样的等效阻尼比越小。

6.3.3.4 振动频率的影响

为了研究振动频率对 RST 混合土试样等效阻尼比的影响，对试样编号分别为 T12，T13，T22，T23 的四种试样进行了动三轴试验，振动频率分别取为 1.0Hz，2.0Hz 和 4.0Hz，在动力荷载作用下，RST 混合土试样的等效阻尼比随应变积累的变化关系曲线如图 6-19 所示。

由图 6-19 所示的曲线可以看出，在其他条件相同的情况下，当振动频率 f 在 1.0～4.0Hz 范围内变化时，随着振动频率的增大，RST 混合土试样的等效阻尼比不断减小。与围压、水泥含量以及废弃轮胎橡胶颗粒含量对 RST 混合土试样等效阻尼比的影响程度相比，振动频率 f 对 RST 混合土试样等效阻尼比的影响程度相对较小。

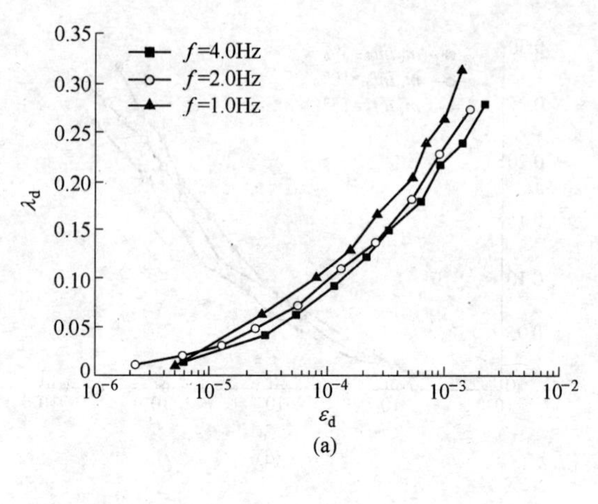

f=4.0Hz
f=2.0Hz
f=1.0Hz
λd
εd

(a)

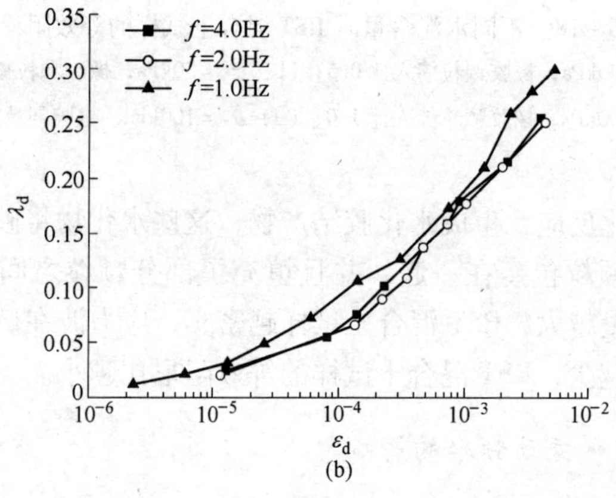

f=4.0Hz
f=2.0Hz
f=1.0Hz
λd
εd

(b)

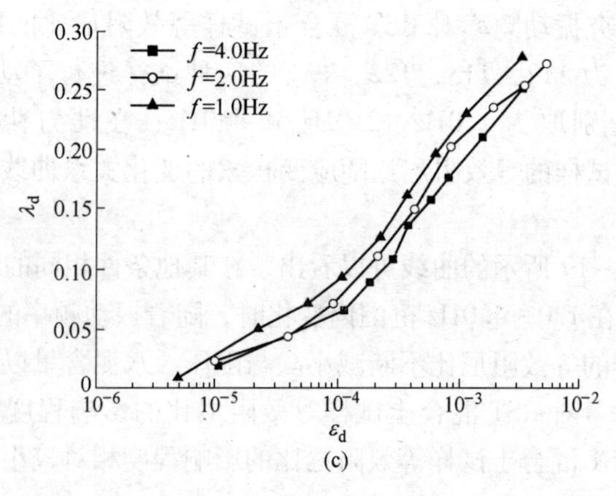

f=4.0Hz
f=2.0Hz
f=1.0Hz
λd
εd

(c)

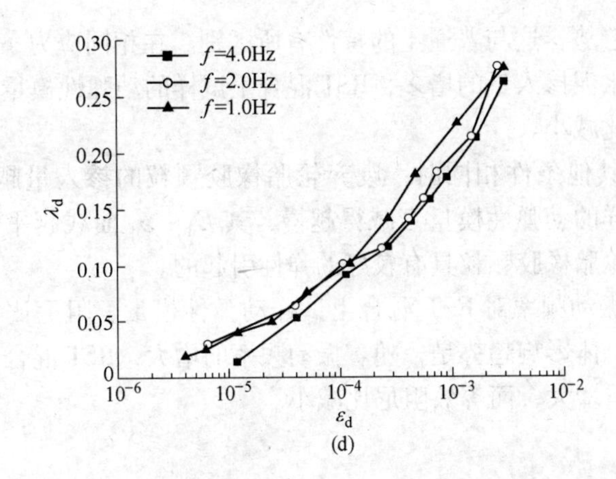

图 6－19 不同振动频率时 RST 混合土试样的等效阻尼比

（a）σ_3＝100kPa，水泥含量 5%，橡胶颗粒掺入比 1.5；（b）σ_3＝150kPa，水泥含量 5%，橡胶颗粒掺入比 1.0；（c）σ_3＝200kPa，水泥含量 10%，橡胶颗粒掺入比 1.5；（d）σ_3＝100kPa，水泥含量 10%，橡胶颗粒掺入比 1.0

6.4 小结

通过室内动三轴试验，对 RST 混合土的动变形特性进行了研究，并进行了影响因素分析，重点探讨了围压、废弃轮胎橡胶颗粒含量、水泥含量、振动频率对 RST 混合土试样动应力－应变关系曲线、动弹性模量和等效阻尼比的影响规律，得到的主要结论如下：

（1）在低围压条件下，RST 混合土试样的动应力－应变骨干曲线基本符合线性关系；在高围压条件下，RST 混合土试样的动应力－应变骨干曲线呈双曲线形式。

（2）当围压一定时，随着废弃轮胎橡胶颗粒含量的增大，相同应力条件下，RST 混合土试样产生的应变增大。随着废弃轮胎橡胶颗粒含量的增大，水泥含量对 RST 混合土试样动应力－应变关系曲线的影响越来越小。

（3）RST 混合土试样的动弹性模量随着动应变的积累而逐渐衰减，且最后趋于一稳定值，等效阻尼比则随着动应变的积累而不断增大，且 $\lambda_d-\varepsilon_d$ 曲线不呈现 S 形，在应变较大时，等效阻尼比 λ_d 仍保持增长的趋势，这与普通土的特性有所区别。在相同应力条件下，随着围压和水泥掺入量的增多，RST 混合土试样的动弹性模量增大，而等效阻尼比减小。

（4）其他条件相同时，废弃轮胎橡胶颗粒的掺入量越多，RST 混合土试样的动弹性模量衰减得越慢，其 $E_d - \varepsilon_d$ 曲线越平缓，这是由于废弃轮胎橡胶颗粒具有较好的弹性引起的。

（5）振动频率对 RST 混合土试样动弹性模量、阻尼比的影响不明显，但总体影响趋势是，随着振动频率的增大，RST 混合土试样的动弹性模量增大，而等效阻尼比减小。

第7章 RST混合土动强度特性试验研究

在实际工程中，土体会受到地震荷载、车辆荷载、波浪荷载等各种动荷载的作用，这些荷载的作用会引起土体的不同反应。除了土的动变形特性以外，土的动强度特性也是土的一个十分重要的动力特性。组成土体的颗粒在未受到动荷载作用之前处于一种稳定的排列状态，一旦土体受到动荷载的作用，土骨架之间会产生一定的惯性力和干扰力。由于组成土骨架的颗粒质量不同，排列状况不同，传递到颗粒接触点的动荷载强度不同，从而在土颗粒的接触点处产生新的应力，当这种新的应力超过某一数值时，土颗粒之间的结构状态便会被破坏，土颗粒之间产生相对位移，最终引起土体强度的丧失，从而影响建筑物的稳定性[74]。RST混合土作为填土，主要应用于公路路基等工程中，经常会受到各种动荷载的作用，目前，对于RST混合土强度特性的研究主要集中在静力荷载作用条件下，而动强度特性的研究甚少，因此，研究RST混合土的动强度特性是很有必要的。本章通过室内动三轴试验对RST混合土的动强度特性进行了全面研究，具体包括以下几项工作：

（1）参考土工试验规程中土的动三轴试验方法，并结合本章研究的主要内容，确定RST混合土的动强度试验方案。

（2）结合已有的土的各类强度破坏标准，确定适用于RST混合土的动强度破坏标准。

（3）根据试验方案，分别就不同围压、废弃轮胎橡胶颗粒含量、水泥含量和振动频率下RST混合土的动强度特性进行了试验研究，得到了围压、废弃轮胎橡胶颗粒含量、水泥含量和振动频率对RST混合土动强度曲线的影响规律。

（4）依据动强度曲线，分别绘制出不同配合比条件下RST混合土的应力莫尔圆，根据莫尔圆得到动强度指标 c_d 和 φ_d，并结合试验所得数据得到废弃轮胎橡胶颗粒含量、水泥含量对RST混合土动强度指标 c_d 和 φ_d 的影响规律。

7.1 RST混合土的动强度试验方案

在RST混合土的动变形特性试验中，轴向动荷载采用的加载方式是逐级加载，动荷载幅值的大小根据动剪应力比 s 确定，进行逐级加载时，动剪应力比 s 从0.1增加到0.5，每级荷载振动10圈。根据土的动强度定义，动强度试验主要是通过施加一定的轴向动荷载，在给定的足够大的振动周数后，当试样达到某个设定的破坏标准时则停止试验，因此，动强度试验中的轴向动荷载采用给定动剪应力比的方式进行加载。通常用动剪应力 τ_d 与破坏时的振动次数 N_f 在半对数坐标上的曲线表示试样的动强度曲线，一般一条曲线至少由4个不同的点构成，本次试验的动强度曲线由4个点组成，这样就需要施加4种不同的动剪应力比，得到4种不同动剪应力对应的破坏时的振动周数。为了便于进行试验结果的整理，并较好地绘制RST混合土的动强度曲线，尽量将4个不同的点均匀分布，不同配合比的RST混合土试样可通过试验来确定一定振动次数范围作用下的动剪应力比值。本次试验所用的仪器为国产DDS－70型动三轴仪，加载时需要输入的动荷载的幅值为力的大小，因此，在进行输入时需要将动剪应力比换算成力的大小，本次试验的具体加载方案列于表7－1。

表7－1 RST混合土动强度试验加载方案

围压/kPa	50，100，150
固结比 K_c	1
振动频率/Hz	1.0，2.0，4.0
动剪应力比	按实际情况取值

7.2 RST混合土的动强度破坏标准

土的动强度是指在给定的动荷载作用下，土体达到破坏标准所振动的次数。影响土体动强度的主要因素有土的类型、初始应力条件、波形、动荷载幅值、加载频率、周期等。从土的动强度定义中还可以看出，土的动强度还与强度破坏标准相关，不同的破坏标准对应不同的动强度值。因此，在进行 RST 混合土的动强度试验之前，应首先确定动强度破坏标准。根据已有的研究，土体的破坏标准通常可分为以下几类：

（1）极限平衡标准。极限平衡标准是指土体在受到振动荷载作用后，土体产生的孔隙水压力增量和极限平衡状态下的临界孔隙水压力增量相等，即 $\Delta u = \Delta u_{cr}$。对于压缩破坏和拉伸破坏，极限平衡状态下的临界孔隙水压力增量可用下式进行计算[75]：

试样压缩破坏时

$$\Delta u_{cr} = \frac{\sigma_1 + \sigma_3}{2} - \frac{\sigma_1 - \sigma_3 - \Delta\sigma_1(1 + \sin\varphi'_d)}{2\sin\varphi'_d} - u_0 + \frac{c'_d}{\tan\varphi'_d} \quad (7-1)$$

试样拉伸破坏时

$$\Delta u_{cr} = \frac{\sigma_1 + \sigma_3}{2} + \frac{\sigma_1 - \sigma_3 - \Delta\sigma_1(1 + \sin\varphi'_d)}{2\sin\varphi'_d} - u_0 + \frac{c'_d}{\tan\varphi'_d} \quad (7-2)$$

式中，σ_1，σ_3 分别为大主应力和小主应力；$\Delta\sigma_1$ 是轴向动应力幅值；u_0 是土体中的初始孔压；φ'_d，c'_d分别为动荷载作用下的内摩擦角和黏聚力指标。

（2）应变破坏标准。对于黏土、粉土等类型的土，在动荷载作用下，孔隙水压力的增长趋势将趋于一个稳定值，即使土体变形很大，也很难达到液化状态。因此，对于这种类型的土，应当选择一个控制变形的标准，并以此作为判断其是否达到破坏的标准。通常采用的有单幅应变标准和双幅应变标准，规定当应变达到 5% 或 10% 时，认为土体已达到破坏状态。

（3）屈服破坏标准。对于非饱和土体，在动荷载作用下，无法观察到土体的孔隙水压力状态，同时土体也无法达到液化标准，但土体的轴向变形在达到某个数值后会出现急速陡转迅速增大的情况，这类土一般采用屈服破坏标准，也就是说，将发生轴向应变急剧增大的转折点作为屈服破坏强度。

（4）液化破坏标准。对于饱和松散的砂土或者粉土，在周期荷载作用下，孔隙水压力不断增加，当孔隙水压力等于总应力，即土体中的有效应力为零时，土体由固态转变为液态，并且丧失了承载能力。

本次试验考虑到RST混合土试样未达到饱和状态，因此孔压标准和极限平衡破坏标准是不适用的。通过动三轴试验可得到RST混合土试样的动应变随加载周数的变化曲线，如图7-1所示。从图7-1中曲线可以看出，RST混合土的应变随振动次数的变化曲线比较平缓，没有出现应变急剧增大的情况，并且试验过程中RST混合土试样没有产生明显的剪切面，因此，屈服破坏标准也不适用。综合

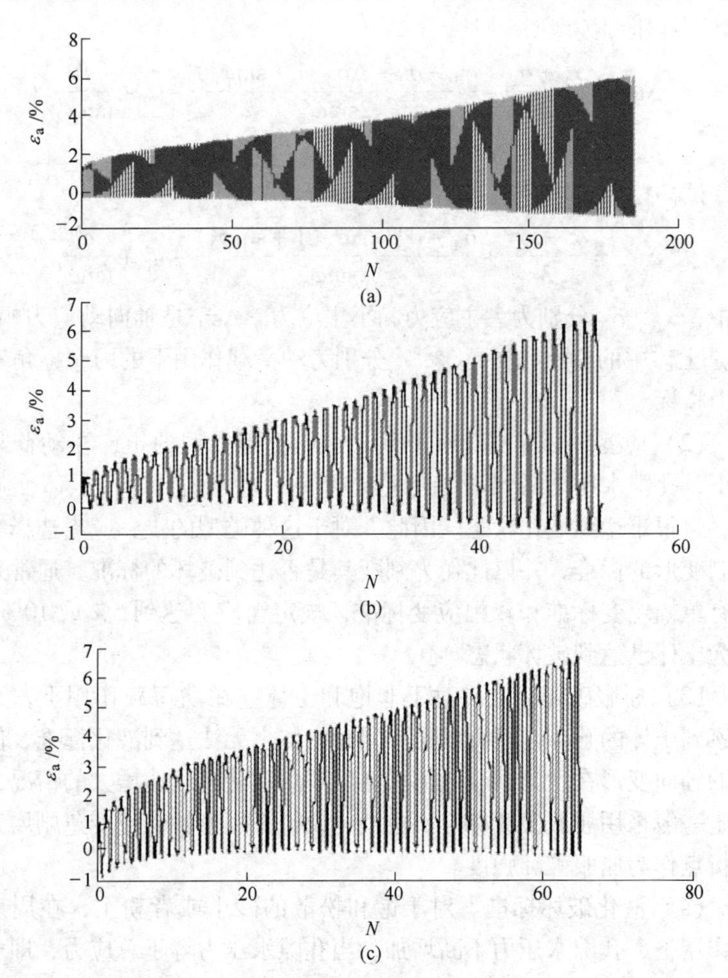

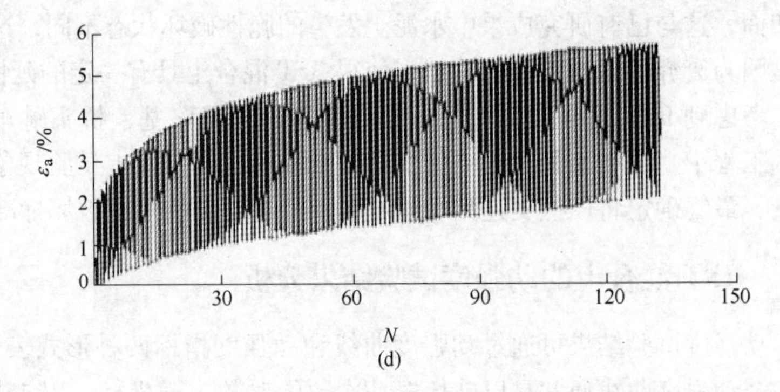

图 7-1 不同配比条件下 RST 混合土试样的动应变随加载周数的变化曲线

(a) T11 试样（σ_3 =50kPa）；(b) T12 试样（σ_3 =150kPa）；

(c) T31 试样（σ_3 =150kPa）；(d) T33 试样（σ_3 =100kPa）

考虑以上原因，RST 混合土的破坏主要是由变形控制的，因此 RST 混合土的动强度标准采用应变破坏标准。

从图 7-1 中的 4 组曲线可以看出，在动荷载作用下，RST 混合土试样的压应变和拉应变明显不对称，表现出明显的偏压现象，这和一般土体在动循环荷载作用下的压应变和拉应变对称的特征不同。产生偏压的主要原因是：由于 RST 混合土中掺加了水泥，水泥水化反应产生的胶结结构具有胶结作用，并将土颗粒和废弃轮胎橡胶颗粒胶结在一起，从而使 RST 混合土具有了结构性。对比图 7-1 中各组曲线可以发现：在围压分别为 50kPa 和 150kPa 的加载过程中，编号为 T11 和 T12 的试样产生了很小的拉应变，这主要是因为 T11 和 T12 试样中的水泥含量为 5%，掺量较少，因此水泥水化反应产生的胶结结构较少，土颗粒与废弃轮胎橡胶颗粒之间的胶结作用较弱，试样在周期荷载作用下容易产生拉应变。对于编号为 T31 和 T33 的两组试样来说，则产生了明显的偏压现象，并且没有产生拉应变，这主要是因为这两组试样的水泥含量为 15%，水泥含量较多，水泥水化反应的产物多，从而使颗粒之间的胶结能力增强，在动荷载作用下试样不易产生拉应变。

在试验过程中还发现，RST 混合土在加载过程中并未出现明显的剪切面，这与已有研究成果中水泥土发生的脆性破坏状态不同，这主要是因为废弃轮胎橡胶颗粒的加入使得 RST 混合土具有一定的延性。

考虑到 RST 混合土主要用于管道填埋、公路路基、桥头跳车等土木工程中，这些工程对土体的变形要求较高，综合以上试验现象的讨论，最终确定将压应变达到 5% 作为 RST 混合土的强度破坏标准。

7.3 RST 混合土的动强度试验结果分析

动强度试验结果可通过动强度曲线和动强度指标两种形式表述，其中，动强度曲线通常是以破坏振动次数的对数为横坐标，以 45°平面上的动剪应力为纵坐标绘制的；而动强度指标主要指 c_d 和 φ_d 值。在动强度曲线上，取振动 20 圈破坏时对应的动应力为动强度，通过绘图做出试样的一组摩尔圆，然后得出 c_d 和 φ_d 的具体数值。本节主要针对不同围压、废弃轮胎橡胶颗粒含量、水泥含量、振动频率下 RST 混合土的动强度曲线进行系统分析，得到动强度曲线的变化规律，从而为工程实践提供理论依据。

不同配合比条件下 RST 混合土的动强度曲线如图 7-2 ~ 图 7-5 所示，对比各组动强度曲线可以发现，这些动强度曲线具有相同的变化规律，即都是随着动剪应力的减小，达到破坏标准所需要的加载次数增加，这与普通土体的动强度曲线变化规律相似。并且还发现，在单对数坐标上，动剪应力和加载次数存在线性关系，可由式（7-3）表示。

$$\tau_d = a\ln N_f + b \tag{7-3}$$

式中，a，b 都是与试验加载条件和试样配比相关的参数。

本次试验所得到的不同加载条件及不同配比条件下 RST 混合土的动强度曲线拟合参数值列于表 7-2。

表 7-2 RST 混合土试样的动强度曲线拟合参数表

试样编号	$\sigma_3=50$kPa			$\sigma_3=100$kPa			$\sigma_3=150$kPa		
	a	b	R^2	a	b	R^2	a	b	R^2
T11	-5.45	43.2	0.980	-7.55	57.9	0.911	-8.12	66.5	0.887
T12	-8.53	35.8	0.943	-6.15	45.1	0.688	-5.29	56.2	0.471

续表 7-2

试样编号	$\sigma_3=50\text{kPa}$			$\sigma_3=100\text{kPa}$			$\sigma_3=150\text{kPa}$		
	a	b	R^2	a	b	R^2	a	b	R^2
T13	-6.88	29.5	0.802	-7.17	42.2	0.739	-6.53	51.5	0.963
T21	-11.1	52.8	0.934	-11.5	68.0	0.925	-10.2	76.5	0.956
T22	-14.1	50.8	0.976	-11.9	62.1	0.962	-12.8	71.3	0.998
T23	-8.02	38.5	0.837	-6.69	49.6	0.757	-9.98	66.6	0.977
T31	-11.7	63.2	0.982	-10.9	72.4	0.921	-12.8	88.5	0.948
T32	-9.88	54.1	0.891	-8.76	63.2	0.899	-9.51	76.7	0.650
T33	-8.92	43.8	0.844	-10.5	58.2	0.971	-8.57	68.2	0.756

7.3.1 围压的影响

为了研究围压对 RST 混合土试样动强度特性的影响规律，本次试验对试样编号为 T12，T13，T23 和 T33 的四种试样分别进行了动强度试验研究，试验时的围压分别取为 50kPa，100kPa 和 150kPa，在每种围压条件下施加四种不同幅值的动荷载，设置振动次数为无限大，直至 RST 混合土试样的应变达到破坏标准时停止试验，最终试验结果如图 7-2 所示。

由图 7-2 所示的动强度曲线可以看出，每组曲线的形状均十分相似，动剪应力强度与破坏振动次数在半对数坐标下均呈线性关系。

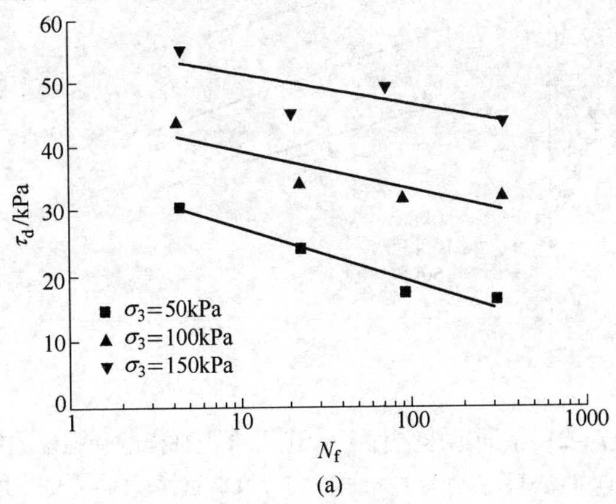

(a)

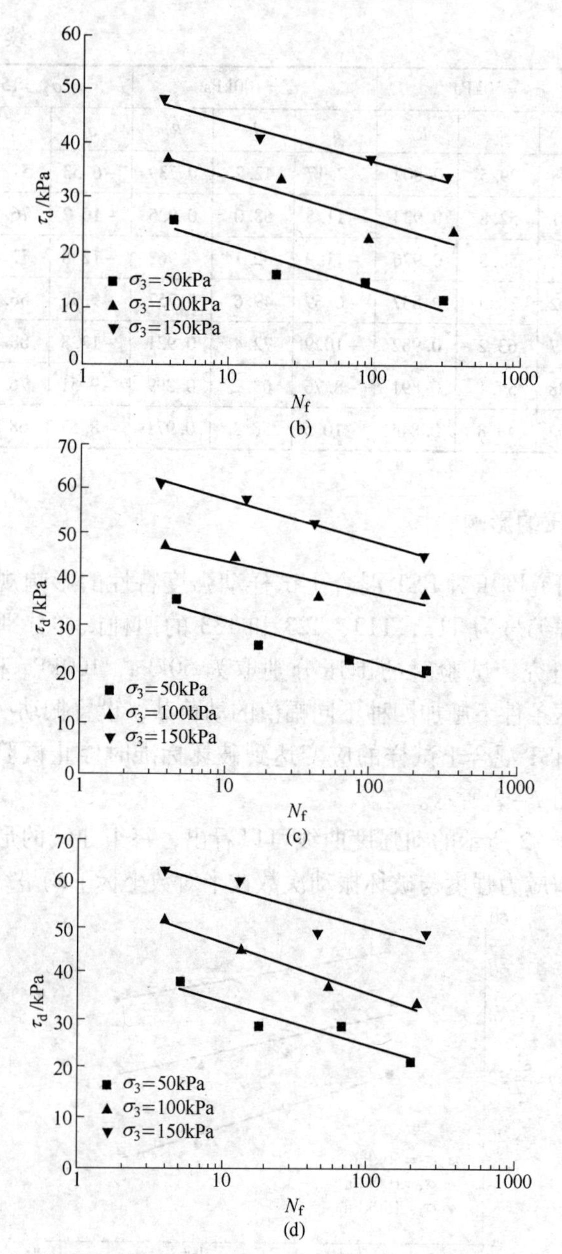

图 7-2　不同围压条件下 RST 混合土试样的动强度曲线

（a）T12 试样；（b）T13 试样；（c）T23 试样；（d）T33 试样

随着围压的增大，相同破坏振动次数所需的动剪应力增大，围压每增加50kPa，动剪强度提高30%~40%，并且在不同围压条件下RST混合土的动强度曲线基本是平行的。出现这种现象的主要原因是：随着围压的增大，RST混合土试样被挤密，颗粒之间的孔隙变小，咬合力增大，因此RST混合土抵抗荷载的能力增强。另外，从动强度曲线上还可以发现，随着水泥含量的增大，围压对RST混合土动强度的影响程度减小，这主要是因为水泥含量增大，水泥水化反应产生的胶结结构增多，这些胶结结构一部分填充了颗粒之间的孔隙，另一部分将土颗粒与废弃轮胎橡胶颗粒胶结在一起，从而使得颗粒之间的胶结力增强，因此，RST混合土试样受围压的影响减弱。

7.3.2 废弃轮胎橡胶颗粒含量的影响

为了得到废弃轮胎橡胶颗粒含量对RST混合土试样动强度曲线的影响规律，分别对编号为T11，T12，T13，T21，T22，T23，T31，T32和T33的9组RST混合土试样进行了动强度加载试验，动强度试验结果如图7-3所示。

由图7-3所示的动强度曲线可以明显看出，随着废弃轮胎橡胶颗粒含量的增大，RST混合土的动强度逐渐减小。出现这种现象的原因是：RST混合土试样主要是依靠水泥水化反应产生的胶结结构将土颗粒和废弃轮胎橡胶颗粒胶结在一起的，当RST混合土中的废弃轮

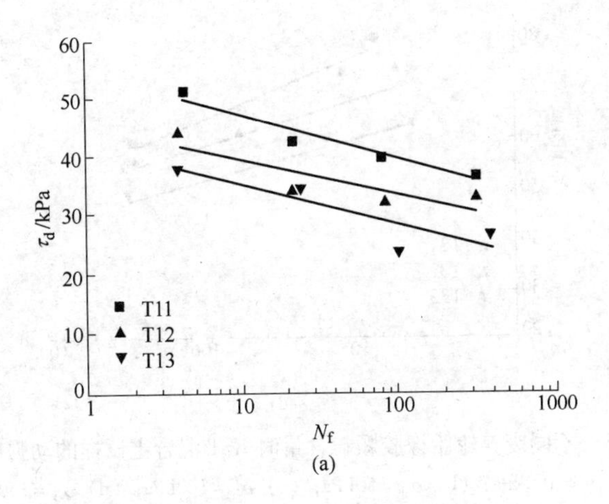

(a)

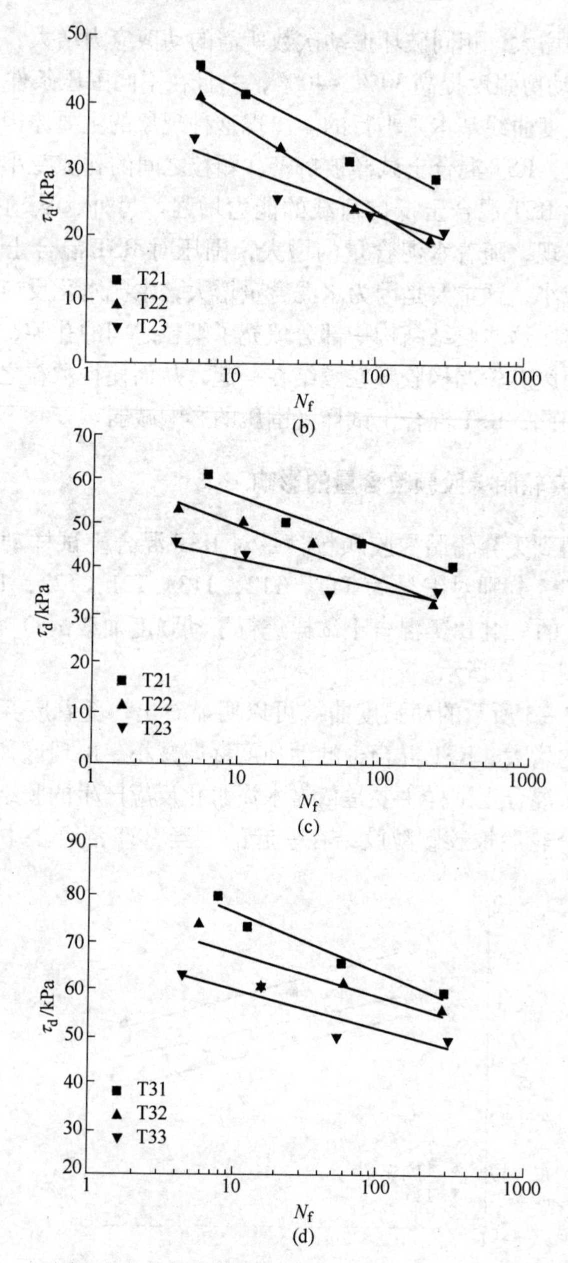

图 7－3　不同废弃轮胎橡胶颗粒含量时 RST 混合土试样的动强度曲线

（a）σ_3 = 100kPa；（b）σ_3 = 50kPa；（c）σ_3 = 100kPa；（d）σ_3 = 150kPa

胎橡胶颗粒增多时，在 RST 混合土试样体积不变的条件下，相当于用废弃轮胎橡胶颗粒置换了试样中部分原料土和水泥，从而使 RST 混合土试样中所含的原料土和水泥相对减少，并导致水泥产生的胶结结构减少，进而使土颗粒和废弃轮胎橡胶颗粒之间的胶结力减弱，RST 混合土试样抵抗荷载的能力减弱，所以 RST 混合土试样的强度减小。

7.3.3 水泥含量的影响

为了得到水泥含量对 RST 混合土动强度曲线的影响规律，分别对水泥含量为 5%，10% 和 15%，废弃轮胎橡胶颗粒掺入比为 1.0 和 1.5 的 6 种不同配合比的试样进行了动强度试验，试验结果如图 7－4 所示。

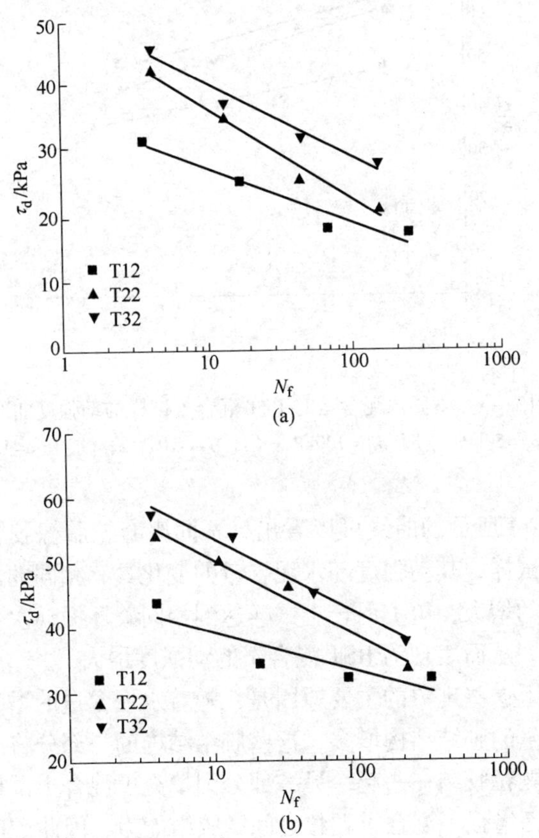

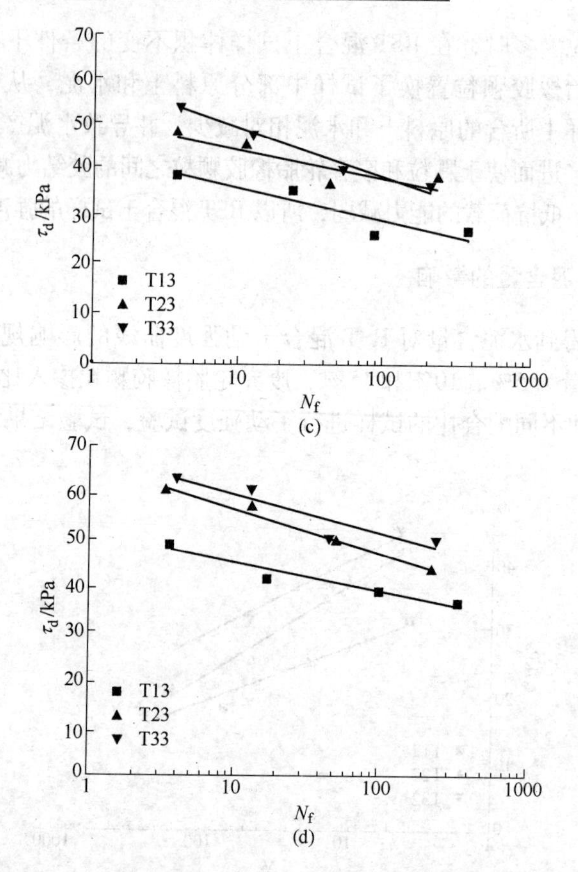

图7-4 不同水泥含量时RST混合土试样的动强度曲线

(a) $\sigma_3=50$kPa；(b) $\sigma_3=100$kPa；(c) $\sigma_3=100$kPa；(d) $\sigma_3=150$kPa

由图7-4所示的曲线可以看出，不同废弃轮胎橡胶颗粒含量的RST混合土试样，其动强度随水泥含量的变化具有相同的规律，即随着水泥含量的增大，RST混合土试样达到相同破坏振动次数所需的动剪应力增大，从而表现为RST混合土的动强度增大。

产生以上这些现象的主要原因是：随着水泥含量的增大，由水泥水化反应产生的胶结结构增多，这些胶结结构的一部分将废弃轮胎橡胶颗粒和土颗粒胶结在一起，另一部分则填充了混合土试样内部的一些孔隙，从而增强了混合土颗粒之间的胶结能力，因此，RST混合土抵抗外荷载的能力增强，表现为 RST 混合土试样的动强度变大。

由图 7－4 所示的曲线还可以看出，在相同的废弃轮胎橡胶颗粒含量条件下，当水泥含量从 5% 增大到 10% 时，RST 混合土试样的强度不断增大，且增大的幅度大于当水泥含量从 10% 增大到 15% 时的情况，这主要是因为，水泥含量从 10% 增大到 15% 时，有一部分水泥未发生水化反应或者没有完全发生水化反应，从而导致 RST 混合土强度的提高幅度减小。同时，随着废弃轮胎橡胶颗粒含量的增大，水泥含量对 RST 混合土试样动强度的影响程度变小，这主要是因为废弃轮胎橡胶颗粒含量越大时，水泥含量就相对越少，水泥水化反应产生的胶结作用就越弱。

7.3.4 振动频率的影响

为了研究振动频率对 RST 混合土试样动强度的影响规律，对编号为 T12 的 RST 混合土试样进行了不同振动频率下的动强度试验，得到了不同振动频率下动剪应力与振动破坏周数之间的关系曲线，如图 7－5 所示。

结合第 6 章中 RST 混合土动变形特性的研究结果，同时对比废弃轮胎橡胶颗粒含量、水泥含量以及围压对 RST 混合土动强度曲线的影响规律，可以发现，振动频率对 RST 混合土试样的动力特性虽有一定的影响，但与其他影响因素相比，振动频率对 RST 混合土试样的动力特性影响程度相对较小。在同一动应力作用下，振动频率越大，RST 混合土试样达到破坏所需的循环次数就越大，RST 混合土试样的动强度也就越大。

已有的研究成果表明[76]，加载速率对土的动力特性有显著影响，这主要表现在加载速率对试样内部孔压分布及有效凝聚力发挥的影响方面。当加载速率较大时，RST 混合土试样的变形来不及发展，RST 混合土试样内部的孔压分布不均匀，且加载速率越大，这种不均匀分布现象越严重，也就是说，较大的加载速率约束了 RST 混合土试样的变形，因此，加载速率越大，RST 混合土试样的动强度和动弹性模量就越大。

在进行 RST 混合土动强度试验时，给定了动应力的幅值和振动

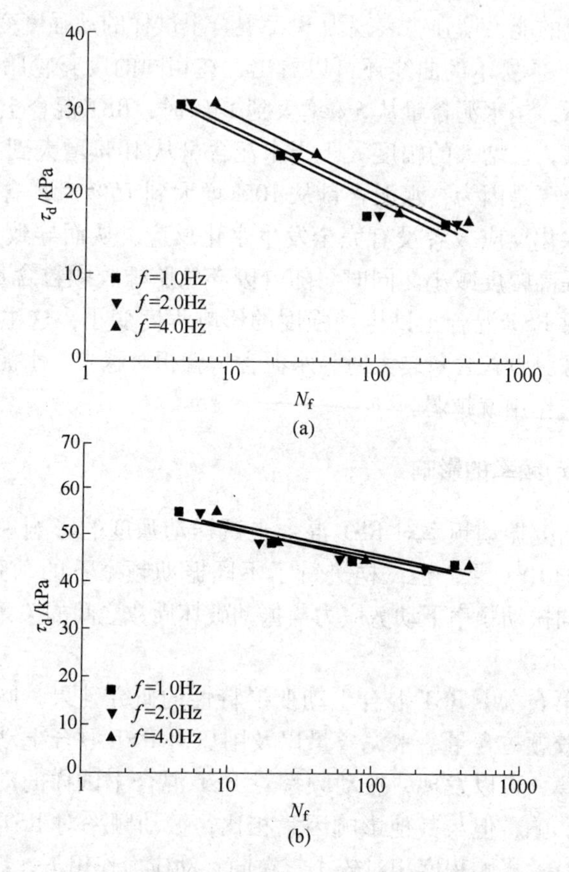

图7-5 不同振动频率时RST混合土试样的动强度曲线

（a）T12，$\sigma_3=50$kPa；（b）T12，$\sigma_3=150$kPa

频率，因此，在试验加载过程中，加载速率是不断变化的，这与研究加载频率影响的试验是不同的，但如果从平均加载速率的角度来研究，加载速率对试验结果的影响是有一定借鉴意义的。

平均加载速率假定为一个循环周期的加载速率，即

$$\sigma'=\frac{\mathrm{d}\sigma}{\mathrm{d}t}\approx\frac{\sigma_m}{t}=\frac{\sigma_m}{T/4}=4f\sigma_m \tag{7-4}$$

式中，σ'为加载速率；f为加载频率；T为加载周期；σ_m为动应力幅值。

由式（7－4）可以看出，当动应力幅值 σ_m 一定时，振动频率 f 越高，加载速率 σ' 就越大。

7.4 RST 混合土的动强度指标分析

通过动强度曲线只能判断某种土单元体在一定的动应力幅值和振动次数下是否达到破坏，而对于土体整体的破坏却无法判别。判断土体整体破坏的方法主要有滑动楔体法和圆弧滑动法，当进行土体整体稳定性分析时，通常要用到土的总动强度指标 c_d 和 φ_d 以及有效动强度指标 c_d' 和 φ_d'。因为试验过程中发现 RST 混合土试样没有达到饱和状态，因此，本试验只分析了 RST 混合土的总动强度指标 c_d 和 φ_d。

本节首先对 RST 混合土试样动强度指标 c_d 和 φ_d 的取值方法进行了详细介绍，然后根据动三轴试验所得的动强度曲线，绘制出不同配合比条件下 RST 混合土的莫尔圆，得到不同配合比时 RST 混合土试样的动强度指标，并进行了影响因素分析，分别得到了废弃轮胎橡胶颗粒含量、水泥含量对 RST 混合土试样动强度指标的影响规律。

7.4.1 RST 混合土动强度指标的计算方法

在土动力学中，摩尔－库仑强度准则仍然适用。根据摩尔－库仑强度准则，可以通过绘制莫尔圆得到不同条件下土体的动强度指标。在绘制莫尔圆之前，首先应确定土体所受的大、小主应力及其方向，特别是在动荷载作用下，土体的大、小主应力方向有可能发生变化，因此，在动荷载作用下，还要判断大、小主应力方向在加载过程中是否发生变化。本次试验是在等压固结完成后施加轴向二维循环荷载，试验过程中 RST 混合土试样的应力状态变化如图 7－6 所示。

首先，判断 RST 混合土试样在加载过程中是受压破坏还是受拉破坏。根据图 7－6 所示的应力变化状态可知，应力在压应力和拉应力之间相互转换时，大小主应力也发生了改变。在土力学中，如果已知土体的抗剪强度包络线和应力状态，便可以通过抗剪强度包络线和应力莫尔圆之间的位置关系来判断土体所处的状态，如图 7－7 所示。由图 7－7 得知，RST 混合土试样首先达到受拉破坏状态，因此，可以确定 RST 混合土试样在动强度试验中属于受拉破坏，这说明 RST

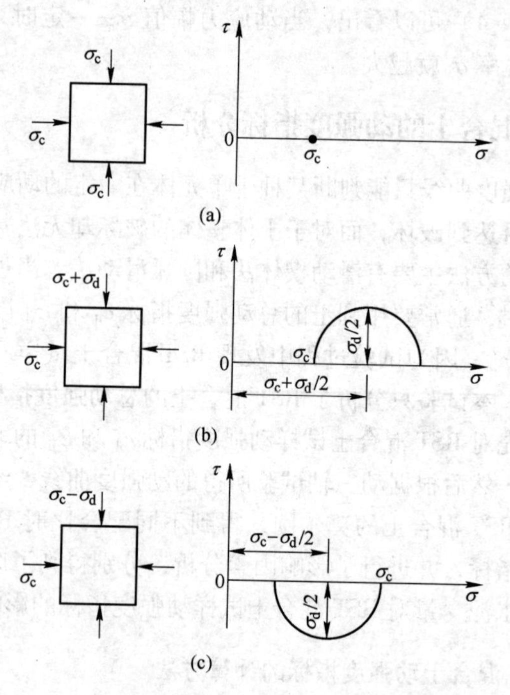

图7-6　动三轴试验条件下RST混合土试样的受力状态

（a）RST混合土试样固结完成后的应力状态；（b）RST混合土试样受压时的应力状态；（c）RST混合土试样受拉时的应力状态

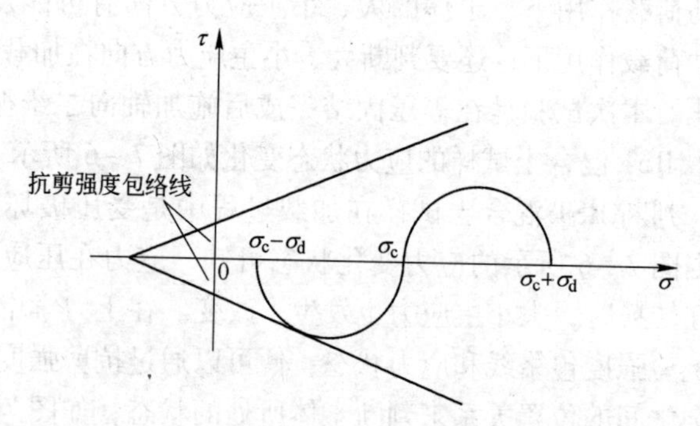

图7-7　RST混合土试样在动强度试验过程中莫尔圆与抗剪强度包络线的关系

混合土试样具有一定的抗拉性能。

根据以上分析可知，RST 混合土试样属于受拉破坏，因此，可以确定 RST 混合土试样受拉破坏时的大、小主应力分别为 $\sigma_{d1}=\sigma_c$，$\sigma_{d3}=\sigma_c-\sigma_d$，根据这两个数值，在 $\tau-\sigma$ 坐标系中做出一个莫尔圆，然后再绘制其他两个围压条件下对应的莫尔圆，绘制完三组莫尔圆后，便可得到 RST 混合土试样的抗剪强度包络线，进而可得到抗剪强度指标 c_d 和 φ_d。

根据已有的等效循环次数和地震震级之间的对应关系可知，震级为 7.5 级时对应的振动次数为 20 次，主要分析此时 RST 混合土试样的抗剪强度指标。通过计算，得到的各配合比条件下 RST 混合土试样的应力值列于表 7－3～表 7－11，相对应的莫尔圆及抗剪强度包络线如图 7－8～图 7－16 所示。

表 7－3　RST 混合土试样 T11 的应力状态

固结围压 σ_c/kPa	振动破坏 20 次时 σ_d/kPa	小主应力 σ_{d3}/kPa
50	62.68	-12.68
100	89.26	10.74
150	112.78	37.22

表 7－4　RST 混合土试样 T12 的应力状态

固结围压 σ_c/kPa	振动破坏 20 次时 σ_d/kPa	小主应力 σ_{d3}/kPa
50	49.4	0.6
100	74.22	25.78
150	98.68	51.32

表 7－5　RST 混合土试样 T13 的应力状态

固结围压 σ_c/kPa	振动破坏 20 次时 σ_d/kPa	小主应力 σ_{d3}/kPa
50	40.78	9.22
100	65.52	34.48
150	86.28	63.72

表7-6 RST混合土试样T21的应力状态

固结围压 σ_c/kPa	振动破坏20次时 σ_d/kPa	小主应力 σ_{d3}/kPa
50	76.74	-26.74
100	106.58	-6.58
150	133.78	16.22

表7-7 RST混合土试样T22的应力状态

固结围压 σ_c/kPa	振动破坏20次时 σ_d/kPa	小主应力 σ_{d3}/kPa
50	65.06	-15.06
100	92.76	7.24
150	122.32	27.68

表7-8 RST混合土试样T23的应力状态

固结围压 σ_c/kPa	振动破坏20次时 σ_d/kPa	小主应力 σ_{d3}/kPa
50	56.3	-6.3
100	81.56	18.44
150	107.42	42.58

表7-9 RST混合土试样T31的应力状态

固结围压 σ_c/kPa	振动破坏20次时 σ_d/kPa	小主应力 σ_{d3}/kPa
50	84.34	-34.34
100	115.82	-15.82
150	143.5	6.5

表7-10 RST混合土试样T32的应力状态

固结围压 σ_c/kPa	振动破坏20次时 σ_d/kPa	小主应力 σ_{d3}/kPa
50	69.74	-19.74
100	96.98	3.02
150	128.52	21.48

表 7-11 RST 混合土试样 T33 的应力状态

固结围压 σ_c/kPa	振动破坏 20 次时 σ_d/kPa	小主应力 σ_{d3}/kPa
50	64.32	-14.32
100	88.48	11.52
150	113.8	36.2

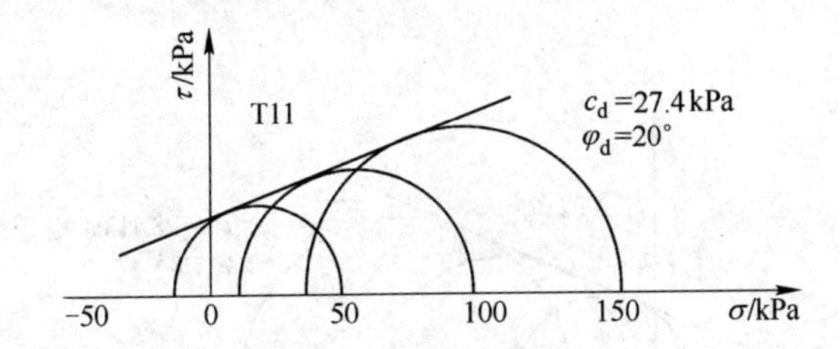

图 7-8 RST 混合土试样 T11 的动强度包络线

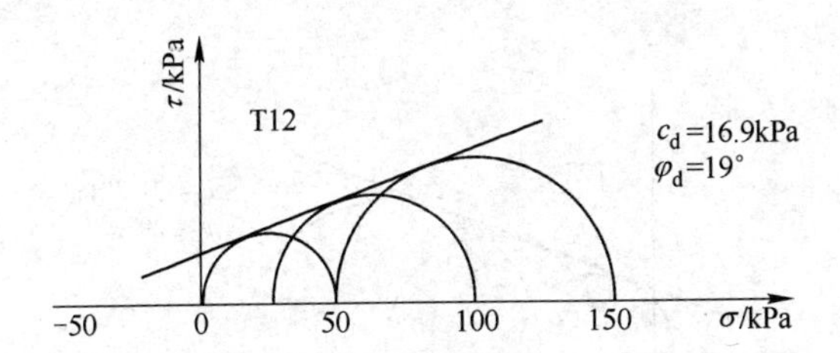

图 7-9 RST 混合土试样 T12 的动强度包络线

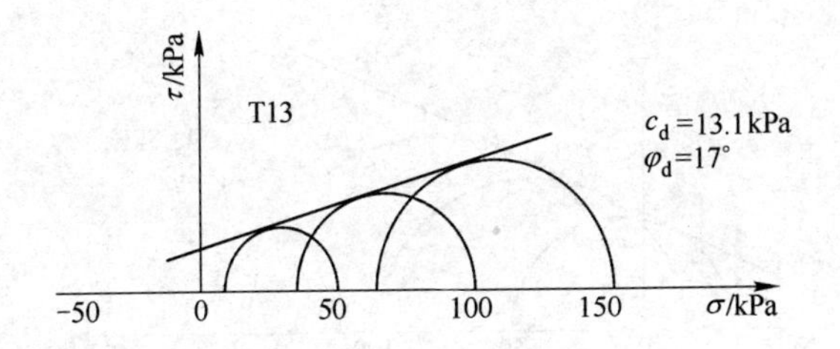

图 7-10 RST 混合土试样 T13 的动强度包络线

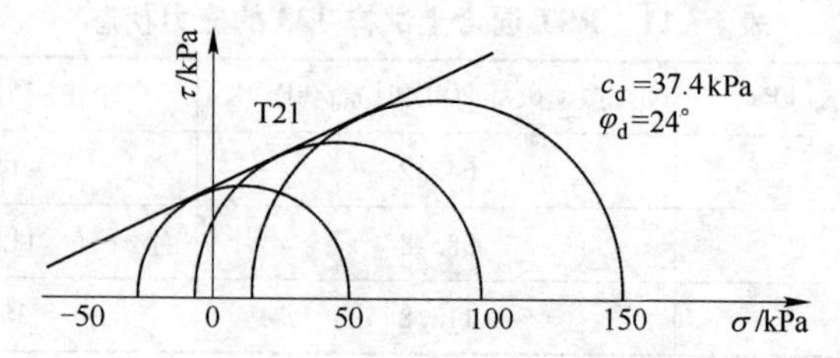

图7-11 RST混合土试样T21的动强度包络线

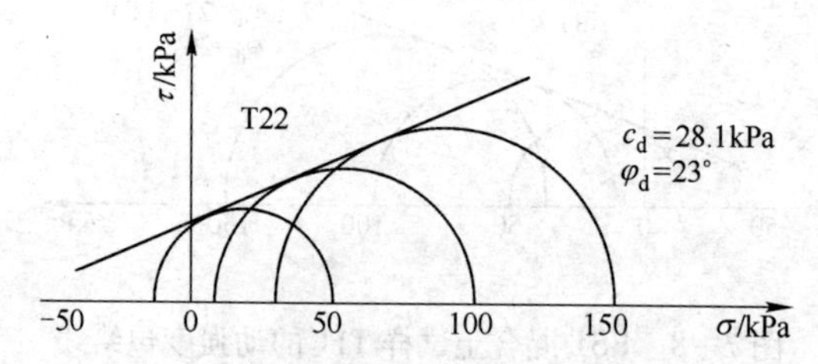

图7-12 RST混合土试样T22的动强度包络线

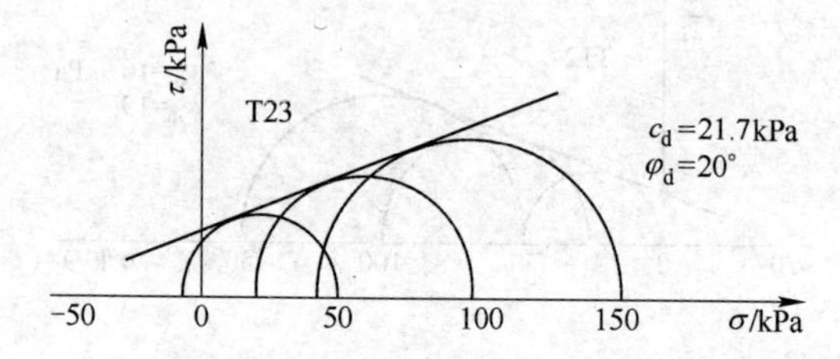

图7-13 RST混合土试样T23的动强度包络线

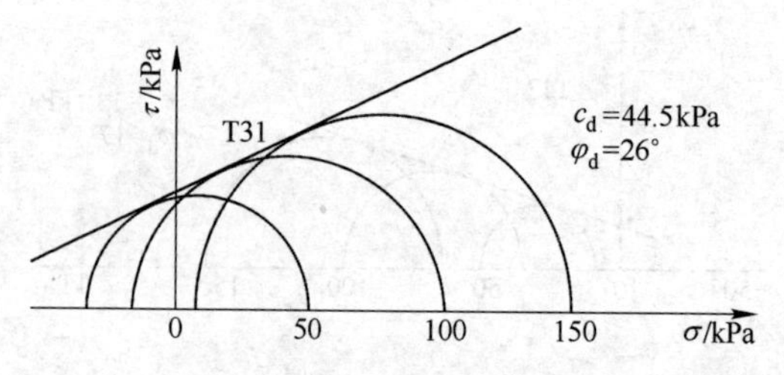

图7-14 RST混合土试样T31的动强度包络线

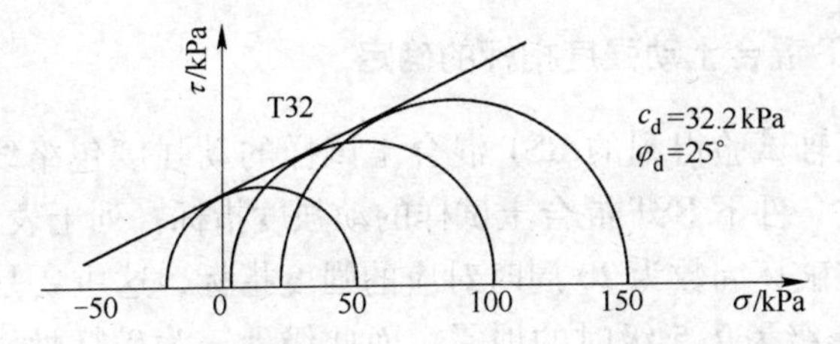

图 7－15　RST 混合土试样 T32 的动强度包络线

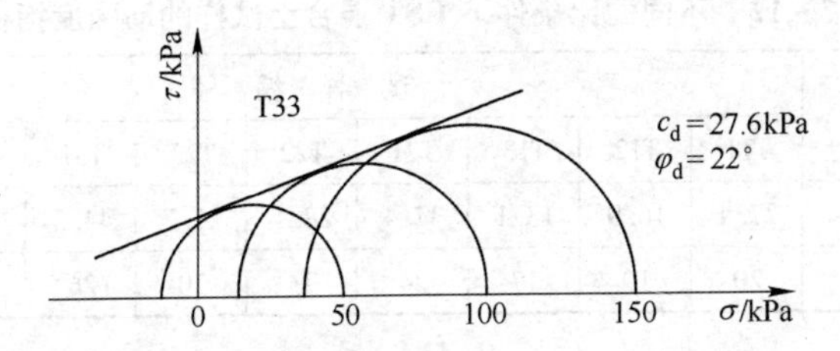

图 7－16　RST 混合土试样 T33 的动强度包络线

根据摩尔－库仑强度理论，RST 混合土试样的强度公式可表示为：

$$\tau_f = \sigma \tan\varphi_d + c_d \tag{7-5}$$

式中，τ_f 和 σ 分别为破坏面上的剪应力和法向应力；c_d 为 RST 混合土的黏聚力；φ_d 为 RST 混合土的内摩擦角。

饱和正常固结土的莫尔圆是通过坐标原点的，即 $c_d=0$，但本次试验所得的 RST 混合土的莫尔圆都不经过原点，并且这些莫尔圆都与剪应力轴相交，这说明 RST 混合土具有一定的抗拉性能，这主要是因为，RST 混合土试样中掺入了一定量的水泥，水泥的胶结作用是 RST 混合土黏聚力的主要来源。水泥的掺入使得 RST 混合土试样在受力后强度的发挥与一般土体不同，一般土体在受到荷载后，当应变很小时，黏聚力就已经全部发挥并消失，并且摩擦力从应变很小时便开始发挥作用；而 RST 混合土试样中水泥水化产物的胶结作用较强，当 RST 混合土受到荷载作用时，胶结结构首先发挥作用，当荷载增大到一定程度时，胶结结构逐渐破坏，此时，RST 混合土中的摩擦分量才开始发挥作用。

7.4.2 RST混合土动强度指标的确定

由动三轴试验得到的RST混合土试样的动强度包络线可以确定相应配合比条件下RST混合土试样的动强度指标，列于表7－12。此处主要研究破坏周数为20周时对应的强度指标，这主要是因为$N_f=20$相当于震级为7.5级时的地震，而此级地震为破坏性大且偶然性也较大的地震。

表7－12 不同配比条件下RST混合土试样的动强度指标

动强度指标	试样编号								
	T11	T12	T13	T21	T22	T23	T31	T32	T33
c_d/kPa	27.4	16.9	13.1	37.4	28.1	21.7	44.5	32.2	27.6
φ_d/(°)	20	19	17	24	23	20	26	25	22

7.4.3 RST混合土动强度指标的影响因素分析

7.4.3.1 水泥含量的影响

RST混合土试样的动强度指标c_d和φ_d随水泥含量的变化曲线如图7－17所示。由图7－17中所示的曲线可以看出，动强度指标c_d和φ_d与水泥含量之间基本呈线性增长关系。RST混合土试样的黏聚力c_d随着水泥含量的增大而不断增大，内摩擦角φ_d也随着水泥含量的增大而增大。水泥含量从5%增大到15%时，RST混合土试样的黏聚力c_d从15kPa增大到了30kPa，内摩擦角φ_d从20°增大到了24°，只提高了2%，RST混合土试样黏聚力的变化幅度较内摩擦角的变化幅度更大，这说明水泥含量对RST混合土试样黏聚力c_d的影响较内摩擦角φ_d的影响更为显著，这同时也说明水泥的水化产物主要用来提供RST混合土试样的黏聚力。

7.4.3.2 废弃轮胎橡胶颗粒含量的影响

RST混合土试样的动强度指标c_d和φ_d随废弃轮胎橡胶颗粒掺入比的变化曲线如图7－18所示，从图7－18中所示的曲线可以看出，

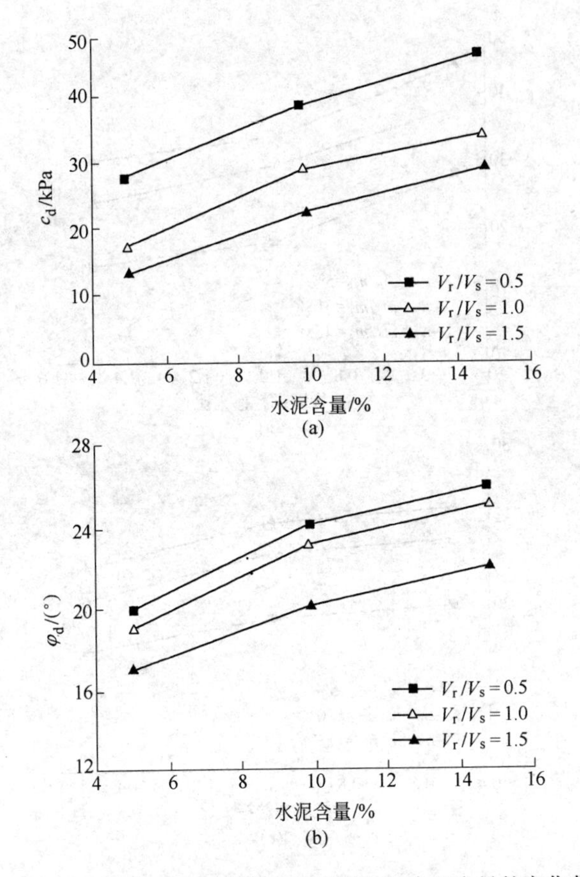

图 7-17 RST 混合土试样的动强度指标随水泥含量的变化曲线

（a）黏聚力的变化；（b）内摩擦角的变化

黏聚力 c_d 和内摩擦角 φ_d 随废弃轮胎橡胶颗粒掺入比的变化规律相同，即黏聚力 c_d 和内摩擦角 φ_d 均随废弃轮胎橡胶颗粒含量的增大而不断减小。

产生以上这些变化的主要原因是，随着废弃轮胎橡胶颗粒含量的增大，单位体积 RST 混合土试样中水泥的含量相对减少，水泥的作用是发生水化反应并通过水化产物将废弃轮胎橡胶颗粒与土颗粒胶结在一起，从而使 RST 混合土试样具有一定的结构性，因此，当废弃轮胎橡胶颗粒含量增大时，水泥含量的减小会使 RST 混合土试样中

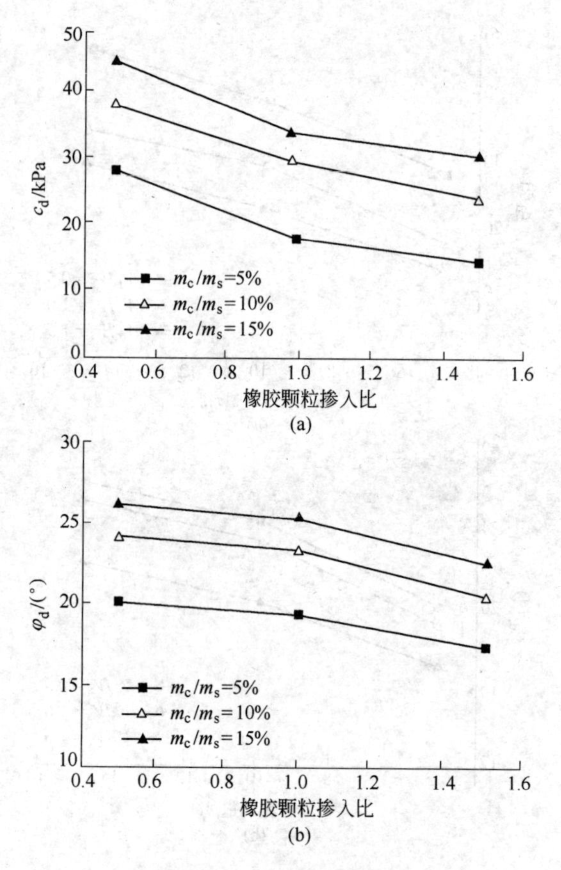

图 7－18　RST 混合土试样动强度指标随废弃轮胎橡胶颗粒掺入比的变化曲线

（a）黏聚力的变化；（b）内摩擦角的变化

原材料颗粒之间的胶结力变弱，从而使 RST 混合土试样的黏聚力 c_d 不断减小；同时，在废弃轮胎橡胶颗粒掺入比从 1.0 增大到 1.5 的过程中，φ_d 的下降速度加快，这主要是因为，与土颗粒相比，废弃轮胎橡胶颗粒的表面较为光滑，并且废弃轮胎橡胶颗粒越多会使混合土中的孔隙越大，颗粒之间的接触面减小，当 RST 混合土试样受到荷载作用时，原材料颗粒与颗粒之间的摩擦力减小，因此，RST 混合土试样的内摩擦角 φ_d 随着废弃轮胎橡胶颗粒含量的增大而逐渐减小。

7.5 小结

根据动三轴试验过程中RST混合土试样轴向应变的变化特点，确定了RST混合土试样的强度破坏标准。然后，通过大量的动强度试验，研究了RST混合土试样的动强度特性，从而为RST混合土在实际工程中的应用提供了理论基础，研究得到的主要结论如下：

（1）考虑现有强度准则的适用条件，根据不同配合比条件下RST混合土试样动应变随加载次数的变化曲线，分析曲线的变化规律，并结合试验过程中试样的破坏形态，最终将压应变为5%作为RST混合土试样的强度破坏标准。

（2）通过对动三轴试验数据的整理，以加载次数的对数为横坐标，以动剪应力为纵坐标，绘制出RST混合土试样的动强度曲线。通过对各组曲线进行线性拟合发现，不同配合比条件下RST混合土试样的$\ln N_f - \tau_d$符合线性关系。

（3）RST混合土试样的动强度随着围压和水泥含量的增大而增大，围压每增加50kPa，RST混合土试样的动剪强度就增加30%～40%；RST混合土试样的动强度随着废弃轮胎橡胶颗粒掺入比的增大而减小，并且随着水泥含量的增大，围压和废弃轮胎橡胶颗粒对RST混合土试样动强度的影响程度变小。当振动频率在1.0～4.0Hz范围内变化时，振动频率对RST混合土试样动强度特性的影响很小，总体影响趋势是，在同一动应力作用下，振动频率越大，RST混合土试样的动强度就越大。

（4）RST混合土试样具有一定的抗拉能力，属受拉破坏。不同配合比条件下RST混合土试样的动强度指标c_d和φ_d均与水泥含量之间呈线性增长关系，水泥含量对黏聚力c_d的影响较对内摩擦角φ_d的影响更为显著，在水泥含量从5%增大到15%的过程中，黏聚力c_d从15kPa增大到30kPa，而内摩擦角φ_d只提高了2%。黏聚力c_d和内摩擦角φ_d随废弃轮胎橡胶颗粒掺入比的变化趋势相同，即均随着废弃轮胎橡胶颗粒含量的增大而减小。

参考文献

[1] 姜敏，寇志敏．废旧橡胶回收与利用的研究进展［J］．合成橡胶工业，2013，36（3）：239～243.

[2] 韩金永，阴广欣，等．废旧轮胎的回收利用［J］．化学技术经济，2004，22（8）：22～24.

[3] 刘景洋，乔琦，等．轮胎使用年限及我国轮胎报废量预测研究［J］.2011，29（10）：34～37.

[4] 王乔力．废旧轮胎的低温热解冷淬碎化的研究［D］．天津：天津大学，2007.

[5] 所同川，李忠明．废旧橡胶回利用新技术［J］．江苏化工，2004，6（32）：1～6.

[6] 庾晋，白杉．废旧轮胎回收利用现状和利用途径［J］．化工技术与开发，2003，32（4）：43～49.

[7] 陆兆峰，秦旻，陈新轩．废旧轮胎在道路工程中的应用［J］．交通标准化，2007（8）：178～181.

[8] 曾玉珍，廖正环．废旧轮胎在国外道路工程中的应用［J］．国外公路，2000，20（2）：39～41.

[9] Masad E，Taha R，HO C，et al. Engineering properties of tire soil mixtures as a lightweight fill material［J］. Geotechnical Testing Journal，1996，19（3）：297～304.

[10] Rowe R K，Mclsaac R. Clogging of tire shreds and gravel permeated with landfill leachate［J］. Journal of Geotechnical and Geoenvironmental Engineering，2005，131（6）：682～693.

[11] 山田纯男，长坂勇二，西田登．発生土スチロル片と砂とをした混合軽量土［J］．土と基礎，1989，（1）：25～30.

[12] 长坂勇二，山田纯男，フラダン．発泡ビ－ズと建設発生土を用いた軽量混合土［J］．土と基礎，1994（10）：25～30.

[13] 土田孝，腾骑治男，卷沚正治，等．建設発生土を原料土とする軽量混合処理土の镬岸工事への应用［J］．土木学会輪文集，2000：13～23.

[14] Edil T B，Bosscher P J. Engineering properties of tire chips and soil mixtures［J］. Geotech Testing，1994，17（4）：453～464.

[15] Bernal A. Laboratory study on the use of tire shreds and rubber－sand in backfills and reinforced soil application［D］. West Lafayette：Purdue University，

1996.

[16] Anh T Ngo, Julio R. Creep of Sand – Rubber Mixtures [J]. Journal of Materials in civil engineering, 2007: 1101 ~ 1105.

[17] Tatlisoz N. Using tire chips in earthen structures [D]. Madison: Dept. of Civ. And Envir. Engrg, Univ. of Wisconsin, 1996.

[18] 马时冬. 聚苯乙烯泡沫塑料轻质填土（SLS）的特性 [J]. 岩土力学, 2001, 22 (3): 245 ~ 248.

[19] 董金梅, 刘汉龙, 高玉峰, 等. 聚苯乙烯轻质混合土抗压强度特性的试验研究 [J]. 岩土力学, 2004, 25 (12): 1964 ~ 1968.

[20] 瓦川善三, 谷井敬春, 横田圣哉, 等. 石灰处理土を用たソイルモルタル盛土工法 [J]. 土木技術, 2000, 55 (7): 81 ~ 88.

[21] 安原一哉, 金泽浩明, 村上哲. 石炭灰を利用した気泡軽量土の力学的性質に及ぼす微视的要因の影響 [J]. 土と基礎, 2000, 48 (6): 9 ~ 12.

[22] 李琪, 肖鹏, 张小平. 轻质回填材料的试验研究 [J]. 华东公路, 2001 (2): 55 ~ 58.

[23] Bouazza A. Foam as a Tunneling its Aid: its Production and Use [J]. Tunnels Tunnelling, 1996, 12 (4): 22 ~ 23.

[24] 张小平. 柔性混凝土和岩土轻质材料特性与工程应用的研究 [D]. 南京: 河海大学, 2000.

[25] 菊池喜昭, 规矩大巇, 林泰弘, 等. 軽量地盤材料の物性評価と適用 – 軽量地盤材料の物性とその評価方法（その1）[J]. 土と基礎, 2001, 49 (4): 51 ~ 57.

[26] 浙江省交通规划设计研究院. EPS 轻质路堤在高速公路的应用研究 [R]. 2002.

[27] 张志允. 气泡混合轻量土的制作技术及基本力学性质的研究 [D]. 南京: 河海大学, 2003.

[28] 朱伟. 新安江电厂 88 – 70 开关站道路轻质填土示范工程研究报告 [R]. 南京: 河海大学, 2004.

[29] 王俊奇, 王钊. 土工泡沫工程性质及其应用 [J]. 工程勘察, 2002 (4): 9 ~ 12.

[30] 那文杰, 王波. 聚苯乙烯泡沫（EPS）的特性及在土工中的应用 [J]. 黑龙江水利科技, 2003 (2): 107 ~ 108.

[31] 洪显诚, 杨航宇, 朱赞凌, 等. EPS 材料在桥头软基处理中的试验研究 [J]. 桥梁建设, 2001, 4: 5 ~ 7.

[32] Bosscher P J, Edil T B, Kuraoka S. Design of highway embankments using tire chips [J]. Journal of Geotechnical and Geoenvironmental Engineering, 1997, 295 ~ 304.

[33] Cetin H, Fener Mand, Cunaydin O. Geotechnical properties of tire – cohesive clayey soil Mixtures as a fill material [J]. Engineering Geology, 2006, 88 (1 – 2): 110 ~ 120.

[34] Ahmed L. Laboratory Study on Properties of Rubber Soils [R]. West Lafayette: School of Civil Engineering, Purdue University, 1993: 348.

[35] Cecich V, Gonzales L, Hoisaeter A. Williams J, Reddy K. Use of Shredded Tires as Lightweight Backfill Material for Retaining Structures [J]. Waster Management & Research, 1996, 14: 433 ~ 451.

[36] 何稼. 废弃轮胎橡胶颗粒轻质混合土基本特性试验研究 [D]. 南京: 河海大学, 2010.

[37] 辛凌. 废弃轮胎橡胶颗粒轻质混合土工程特性试验研究 [D]. 南京: 河海大学, 2010.

[38] 邹维列, 谢鹏, 马其天, 等. 废弃轮胎橡胶颗粒改性膨胀土的试验研究 [J]. 四川大学学报, 2011, 43 (3): 44 ~ 48.

[39] 王照宇, 梅国雄, 张振. 废橡胶颗粒 – 水泥 – 粉煤灰混合轻质填料三轴试验 [J]. 南京工业大学学报, 2013, 35 (3): 25 ~ 29.

[40] Foose G J, Benson G H, Bosscher P J. Sand reinforced with shredded waste tires [J]. Journal of Geotechnical and Geoenvironmental Engineering, 1996, 122 (9): 760 ~ 767.

[41] Youwai S, Bergado D T. Strength and Deformation Characteristics of Shredded Rubber Tire – Sand Mixtures [J]. Canadian Geotechnical Journal, 2003, 40 (2): 254 ~ 264.

[42] 王凤池, 燕晓, 刘涛, 等. 橡胶水泥土强度特性与机理研究 [J]. 四川大学学报, 2010, 42 (2): 46 ~ 51.

[43] 辛凌, 高德清, 何稼. 废弃轮胎橡胶颗粒轻质混合土工程特性 [C] //第十一次全国岩石力学与工程学术大会论文集, 武汉, 2010: 480 ~ 484.

[44] 李丽华, 陈辉, 肖衡林, 等. 废旧轮胎颗粒水泥混合土土工特性研究 [J]. 长江科学院院报, 2013, 30 (10): 58 ~ 61.

[45] Lee K M, Cheung B K W, Zhu G F, et al. The Use of Scrap Rubber Tires for Building Embankment on Soft Soil Ground [J]. Soft Soil Engineering. 2001: 531 ~ 536.

[46] 李朝晖. 废轮胎颗粒与黄土混合物岩土工程特性研究［D］. 兰州：兰州大学，2011.

[47] Theirs G R，Seed H B. Cyclic stress strain characteristics of clay［J］. J. of the Soil Mechanics and Foundation Engineering Division，ASCE，1968，94（2）：555～569.

[48] M. O. Vocalic Song. Improving the strain – sensing edibility of carbon fiber – reinforced cement by ozone treatment of the fibers［J］. Cement and Concrete Research，1998，28（2）：183～187.

[49] Ghazavi M，Sakhi M A. Influence of optimized tire shreds on shear strength parameters of sand［J］. International Journal of Geomechanics，2005，5（1）：58～65.

[50] Houston. Crumb rubber concrete Rapa handbook on polymers use in construction［M］. Shaw bury，SY44NR，UK：Rapier Technology，2004：108～112.

[51] 李庆冰，王凤池. 橡胶水泥土动力特性的试验研究［D］. 沈阳：沈阳建筑大学，2011.

[52] 李长雨. 冻融循环下橡胶颗粒改良粉煤灰土力学效应试验研究［D］. 吉林：吉林大学，2012.

[53] 胡志平，刘卓华. 橡胶粉对重塑黄土动力特性影响的试验［J］. 长安大学学报，2013，33（4）：62～67.

[54] Fu X L，Chung D D L. Vibration damping admixtures for cement［J］. Cement and Concrete Research，1996，26（1）：69～75.

[55] Shi Z，Chung D D L，Carbon fiber – reinforced concrete for traffic monitoring and weighing in motion［J］. Cement and Concrete Research，1999，29（3）：435～439.

[56] Yasuda N，Matsumoto N. Dynamic deformation characteristics of sands and rock – fill materials［J］. Canadian Coe – technical Journal，1993，30（5）：747～757.

[57] Hazarika H，Yasuhara K，et al. Multifaceted potentials of tire – derived three dimensional geosynthetics in geotechnical applications and their evaluation［J］. Geotextiles and Geomembranes，2010，28（3）：303～315.

[58] 李长雨，刘寒冰，魏海斌. 橡胶颗粒改良粉煤灰土的动力特性试验研究［J］. 岩土力学，2011，32（7）：2025～2030.

[59] 南京水利科学研究院. GB/T 50123—1999 土工试验方法标准［S］. 北京：中国计划出版社，1999.

[60] 孔德森，陈文杰，贾腾，等．动荷载作用下RST轻质土变形特性的试验研究［J］．岩土工程学报，2013，35（S2）：874~878.
[61] 中国建筑科学研究院．GB 50007—2011　建筑地基基础设计规范［S］．北京：中国建筑工业出版社，2011.
[62] 卢廷浩．土力学［M］．南京：河海大学出版社，2002.
[63] 赵明华．土力学与基础工程［M］．武汉：武汉理工大学出版社，2009.
[64] 陈晓平，杨光华，杨学强．土的本构关系［M］．北京：中国水利水电出版，2011.
[65] 姬凤玲．疏浚淤泥泡沫塑料颗粒混合轻质土力学特性研究［D］．南京：河海大学，2005.
[66] 李广信．高等土力学［M］．北京：清华大学出版社，2004.
[67] 谢定义．土动力学［M］．北京：高等教育出版社，2011.
[68] Seed H B，Idriss I M，Lee K L，Makdisi F I. Dynamic analysis of the slide in the lower San Fernando Dam during the Earthquake of February［J］. Journal of Geotechnical Engineering Division，ASCE，1971，101（9）：889~911.
[69] 朱思哲．三轴试验原理与应用技术［M］．北京：中国电力出版社，2003.
[70] 李松林．动三轴试验的原理与方法［M］．北京：地质出版社，1990.
[71] 钱家欢，殷宗泽．土工原理与计算［M］．2版．北京：中国水利水电出版社，1996：268，270.
[72] 张茹，涂扬举，费文平．振动频率对饱和黏性土动力特性的影响［J］．岩土力学，2006，27（5）：699~704.
[73] 王艳丽，胡勇．饱和砂土动力特性的动三轴试验研究［J］．地下空间与工程学报，2010，6（2）：295~299.
[74] 沈珠江．理论土力学［M］．北京：中国水利水电出版社，2000：19.
[75] 邵生俊．饱和砂土的动强度及破坏准则［J］．岩土工程学报，1991，13（1）：24~32.
[76] Procter D C，Khaffaf J H. Cyclic triaxial tests on remoulded clays［J］. Journal of Geotechnical and Geoenvironmental Engineering，ASCE，1984，110（10）：1431~1445.

冶金工业出版社部分图书推荐

书　名	作　者	定价(元)
“营·建”认知的教与学	朱晓青　等著	32.00
建筑结构振动计算与抗振措施	张荣山　等著	55.00
岩巷工程施工——掘进工程	孙延宗　等编著	120.00
岩巷工程施工——支护工程	孙延宗　等编著	100.00
钢骨混凝土异形柱	李　哲　等著	25.00
地下工程智能反馈分析方法与应用	姜谙男　著	36.00
地铁结构的内爆炸效应与防护技术	孔德森　等著	20.00
隔震建筑概论	苏经宇　等编著	45.00
岩石冲击破坏的数值流形方法模拟	刘红岩　著	19.00
缺陷岩体纵波传播特性分析技术	俞　缙　著	45.00
交通近景摄影测量技术及应用	于　泉　著	29.00
参与型城市交通规划	单春艳　著	29.00
公路建设项目可持续发展研究	李明顺　等著	50.00
基于成功老化理念的住区规划研究	席宏正　等编著	36.00
土木工程材料（英文，本科教材）	陈　瑜　编著	27.00
FIDIC 条件与合同管理（本科教材）	李明顺　主编	38.00
建筑施工实训指南（高专教材）	韩玉文　主编	28.00
城市交通信号控制基础（本科教材）	于　泉　编著	20.00
建筑环境工程设备基础（本科教材）	李绍勇　等主编	29.00
供热工程（本科教材）	贺连娟　等主编	39.00
GIS 软件 SharpMap 源码详解及应用（本科教材）	陈　真　等主编	39.00